工业和信息化普通高等教育"十二五"规划教材立项项目

21 世纪高等学校机电类规划教材
21 Shiji Gaodeng Xuexiao Jidianlei Guihua Jiaocai

NC Training

数控技能训练

章继涛　主编

田科　刘井才　卢桂琴　副主编

U0312517

人民邮电出版社

北　京

图书在版编目（CIP）数据

数控技能训练 / 章继涛主编. -- 北京：人民邮电
出版社，2014.2（2016.1 重印）
21世纪高等学校机电类规划教材
ISBN 978-7-115-34249-2

Ⅰ．①数… Ⅱ．①章… Ⅲ．①数控机床－高等学校－
教材 Ⅳ．①TG659

中国版本图书馆CIP数据核字(2014)第009371号

内 容 提 要

本书共分为 7 章，共计 71 个实训项目，全书以数控技能训练为主线，以项目教学为核心，重点强调通俗性、实用性、可操作性。主要内容包括：数控铣床（华中数控、FANUC、西门子系统）、数控车床（FANUC、三菱、广州数控系统）的基本操作与零件加工，快走丝线切割机床、单轴和双轴电火花成型机床的基本操作及加工方法，北京镭神激光加工，HPR-LOM、北京殷华快速成型机基本操作与加工，飞雕雕铣机基本操作与加工，三坐标测量机和对刀仪的操作，数控机床拆装与维修（FANUC、西门子系统）方法，UG 软件绘图与刀路生成，模具拆装与注塑机的使用。

本书以项目为导向，由浅入深，从机床的基本操作到零件的加工，到简单故障的处理，具有很强的实用性。

本书适合作为高等院校数控专业、模具专业、机械专业、机电专业等进行实践教学的教材，对理论教学也有较好的辅导作用，也可作为各级各类学校相关专业学生的参考书，还可以供工厂中数控机床操作人员与数控机床编程人员参考。

◆ 主　　编　章继涛
　　副主编　田　科　刘井才　卢桂琴
　　责任编辑　李海涛
　　责任印制　彭志环　杨林杰

◆ 人民邮电出版社出版发行　　北京市丰台区成寿寺路 11 号
　　邮编　100164　　电子邮件　315@ptpress.com.cn
　　网址　http://www.ptpress.com.cn
　　北京天宇星印刷厂印刷

◆ 开本：787×1092　1/16
　　印张：13.75　　　　　　　　2014 年 2 月第 1 版
　　字数：344 千字　　　　　　 2016 年 1 月北京第 2 次印刷

定价：32.00 元
读者服务热线：(010)81055256　印装质量热线：(010)81055316
反盗版热线：(010)81055315

数控机床自 1952 年诞生以来，在短短的 60 年间已得到突飞猛进的发展，是现代机械工业的重要技术装备，也是先进制造技术的基础装备。数控机床随着微电子技术、计算机技术、自动控制技术的发展而得到飞速发展。目前，几乎所有传统机床都有了数控机床品种，数控技术极大地推动了计算机辅助设计、计算机辅助制造、计算机集成制造系统的发展，并为实现绿色制造打下了基础。

我国自改革开放以来，经济发展很快，科技水平得到大幅提高，数控机床在我国的应用越来越普遍，数量也越来越多。在我国几乎所有的机床品种都有了数控机床，极大地推动了现代制造技术的发展。

随着数控机床的应用日趋普及，社会对相应人才的需求越来越大，要求也越来越高。为此，数控技术的教学和人才培养更应强调其实用性、先进性和可操作性。为了使学生能更好地学习数控技术这一学科，使学生受到系统的实训和实际技能的训练，重点培养学生的动手操作能力，最大限度地发挥实训的作用，在参考各高等院校相关课程教学大纲的要求基础上，江西科技学院工程训练中心策划并编写了本书。

本书适合作为高等院校数控专业、模具专业、机械专业、机电专业等进行实践教学的教材，对理论教学也有较好的辅导作用，也可作为各级各类学校相关专业学生的参考书，还可以供工厂中数控机床操作人员与数控机床编程人员参考。

本书由江西科技学院工程训练中心策划，由章继涛高级工程师任主编并统稿，田科、刘井才、卢桂琴任副主编。其中第 1 章由李超、刘井才编写，第 2 章由卢桂琴、宋金波编写，第 3 章由程义编写，第 4 章由罗达编写，第 5 章由成勇编写，第 6 章由黄飞腾编写，第 7 章由田科、王芳、郭卓才编写。

由于编者水平有限，书中错误和不足之处在所难免，希望广大读者给予批评、指正。

编者
2013 年 11 月

目　录

第**1**章 数控铣、车技能训练

第一节 FANUC 数控铣削加工

项目一 数控铣床基本操作

一、实训目的

1. 学习机床各系统的基本操作过程和方法。
2. 学习机床各系统的程序编辑方法。
3. 练习机床各系统的程序检验方法。
4. 掌握工件坐标系的建立和工作原理。

二、实训设备

1. FANUC-0i 系统数控铣床 5 台。
2. FANUC-0i 系统加工中心 5 台。

三、相关知识

1. 控制面板（见图 1-1-1）

FANUC Series 0i-M

现在位置（绝对坐标）   00000   N00000

```
X        0.000
Y        0.000
Z        0.000
```

加工产品   1

运行时间 OHOOM 切削时间 OHOOMOOS
ACT F   00mm/分 S   O   T24
REF *** ***   20:54:02
[绝对]   [相对]   [综合] [   ] [

O_P	N_O	G_R	7 A	8 B	9 C
X_U	Y_V	Z_W	4 ↑	5 I	6 SP
M_I	S_J	T_K	1	2 ↓	3
F_L	H_D	H_E	-	0	. /

POS	PROG	OFFSET	SHIF	CAN	INPUT
SYSTM	MESGE	CUSTM GRAPM	ALTER	INSERT	DELTE
PAGE ←		→			HELP
PAGE ↓					RESET

图 1-1-1 控制面版

该 CRT/MDI 面板是由一个 9 英寸显示器和一个 MDI 键盘组成的。

按任何一个功能按钮和"CAN"，画面的显示就会消失，这时系统内部照常工作。之后再按其中任何一个功能键，画面会再一次显示。

2. CRT/MDI 面板上的各键功能（见表 1-1-1）

表 1-1-1   **CRT/MDI 面板上各键的详细说明**

键	名 称	功能详细说明
RESET	复位键	按下此键可以使 CNC 复位或者取消报警、主轴故障复位、中途退出自动运行操作等
HELP	帮助键	当对 MDI 键的操作不明白时，按下此键可以获得帮助功能
O p	地址和数字键	按下这些键，可以输入字母、数字或者其他字符
SHIFT	换挡键	按下此键可以在地址和数字键上进行字符切换。同时在屏幕上显示一个特殊的字符"∧"，此时就可输入键右下角的字符
INPUT	输入键	要将输入缓存里的数据（参数）复制到编置寄存器中，按下此键才能输入到 CNC 内
CAN	取消键	按下此键，删除最后一个进入输入缓存里的字符或符号
ALTER	替换键	在编程时用于替换已在程序中的字符
INSERT	插入键	按下此键将输入在缓存里的字符输入到 CNC 程序中
DELETE	删除键	按下此键，删除已输入的字符及删除 CNC 中的程序
POS	位置显示键	按下此键，屏幕显示铣床的工作坐标位置
PROG	程序显示键	按下此键，显示内存中的信息和程序。在 MDI 方式下，输入和显示 MDI 数据
OFFSET SETTING	偏置/设置键	按下此键显示刀具偏置量数值、工作坐标系设定和主程序变量等参数的设定与显示
SYSTEM	系统显示键	按下此键显示和设定参数表及自诊断表的内容
MESSAGE	报警显示键	按下此键显示报警信息
CUSTOM GRAPH	图形显示键	按下此键显示图形加工的刀具轨迹和参数
↔↕	光标移动键	在 CRT 屏幕页面上，按这些光标移动键，使光标向上、下、左、右方向移动
PAGE	换页键	按下此键用于 CRT 屏幕选择不同的面面（前后翻页）
EOB	程序段号键	按下此键为输入程序段结束符号（;）接着自动显示新的顺序号

四、实训内容与步骤

1. 基本操作

（1）开机

机床开机之前应先接通 380V 三相交流电源，然后按下 CNC 启动按钮后等待系统正常后即可进行操作。

在机床通电后，CNC 装置尚未出现位置显示或报警画面之前，不得按 MDI 面板上的任何按键。如按下这其中的任何键，可能使 CNC 装置处于非常状态或有可能引起机床误动作。

（2）手动连续进给和快速进给

在 JOG 手动方式中，持续按下操作面板上的进给轴及其方向选择按键，会使刀具沿着该轴的所选方向连续移动，旋转快速进给旋钮会使刀具沿着所选轴，以快速移动速度移动。

具体操作步骤：①将方式选择旋钮旋转到手动进给（或快速移动）位置上；②通过进给轴和方向选择按键，选择移动的轴和方向；③点动方向按键，并注意运动方向；④其他各轴的移动按上述步骤操作即可。

（3）手轮进给（手摇脉冲发生器）

在手轮进给方式中，刀具可以通过旋转机床操作面板上的手摇发生器与电子倍率修调进行微量移动，在设定工件坐标系时，可使用手轮进给轴选择开关，选择要移动的轴进行精确定位。

具体操作步骤：①将方式选择按钮放宽转到手轮进给位置上；②旋转轴向选择开关，选择所要移动的轴；③将手轮进给倍率放宽到所需移动的倍率位置；④放宽转手轮以对应刀具移动方向；⑤其他各轴按上述步骤操作即可达到要求。

（4）返回参考点（机械坐标零点）

启动机床执行具体运行之前，都必须进行手动返回参考点。这是为了使机床系统能够进行复位，找到机床坐标（即机械坐标）。

注意：手动返回参考点之前，一定要将机械坐标（即综合）画面调出，并使机械坐标上 X、Y、和 Z 的各轴坐标值都是负值，且在 −50.000mm 以上。只有在这种情况下才可进行返回参考点的操作。

具体操作步骤：①将方式选择旋转到手动回零；②按点动按钮"＋"方向之前，旋转选择返回的坐标轴；（一般先选择 Z 轴）；③持续按下"＋"方向按钮，直到该选择返回轴的回零结束灯亮。其他各轴按上述同样步骤操作即可。

（5）MDI 运行

在 MDI 方式中，通过 MDI 面板，可以编制最多 4 行的程序并被执行。程序格式与通常程序一样。MDI 程序适用于简单的测试操作，所编制的程序将不保留在存储器内。

操作步骤：①将方式选择按钮旋转在"MDI"的位置；②按下"PRDG"程序显示键，使屏幕显示"MDI"程序画面；③输入简单测试程序；④按下循环启动按键，即进入 MDI 运行状态。

（6）刀具半径补偿

数控铣床进行零件加工时，编程是以主轴的中心线，而实际刀具是有半径的，所以在铣削零件时必须使用半径补偿。补偿功能代码是 D--，就是刀具半径补偿代码号。刀具补偿设定如表 1-1-2 所示。

刀具补偿操作步骤：①方式选择开关在任何位置均可；②按下 OFFSET 键或软键，使屏幕显示刀具补偿画面；③将光标移到要设定或改变补偿的位置上；④输入设定的值，即要修改的补偿值；⑤按下输入键，刀具的补偿值或修改值即显示在光标停留的位置上。

表 1-1-2 刀具补偿

编号	长度（H）	磨耗（H）	半径（D）	磨耗（D）
001	0.000	0.000	0.000	0.000
002	0.000	0.000	0.000	0.000
003	0.000	0.000	0.000	0.000
004	0.000	0.000	0.000	0.000
005	0.000	0.000	0.000	0.000
006	0.000	0.000	0.000	0.000
007	0.000	0.000	0.000	0.000
008	0.000	0.000	0.000	0.000

2. FANUC 系统程序的输入和编辑

（1）编辑键

ALTER：替代键，用输入的数据替代光标所在的数据。

DELET：删除键，删除光标所在的数据，或者删除一个数控程序。

INSRT：插入键，把输入域之中的数据插入到当前光标之后的位置。

CAN：取消键，消除输入域内的数据。

EOBE：回车换行键，结束一行程序的输入并且换行。

（2）数字/字母键

例：若要输入数字"7"，则用鼠标单击7即可；若要输入字母"A"，则用鼠标单击SHIFT，然后单击7即可。

（3）编辑数控程序

① 选择一个数控程序。

选择模式在 EDIT 方式下，按PROG，输入字母"O"；按7，输入数字"7"，即输入搜索号码："O7"；按↓开始搜索；"O0007"显示在屏幕上。

② 删除一个数控程序。

选择模式在 EDIT 方式下，按PROG，输入字母"O"；按7，输入数字"7"，即输入要删除的程序的号码："O7"；按DELET，"O7" NC 程序被删除。

③ 删除全部数控程序。

选择模式在 EDIT 方式下，按PROG，然后输入"O-9999"；按DELET，屏幕提示"此操作将删除所有登记程式，你确定吗？"，单击"是"，则全部数控程序被删除。

④ 搜索一个指定的代码。

一个指定的代码可以是：一个字母或一个完整的代码。例如："N0010"、"M""F"、"G03"等。在当前数控程序内进行搜索。操作步骤如下。

在 EDIT 方式下，按PROG，然后选择一个 NC 程序，输入需要搜索的字母或代码，按↓在当前数控程序中搜索，光标停留在需搜索的字母或代码处。

⑤ 编辑 NC 程序（删除、插入、替换操作）。

将模式选择在 EDIT 方式下，选择PROG，输入被编辑的 NC 程序名，如"O7"，按INSRT即可编辑。

输入数据：用光标单击数字/字母键，数据被输入到输入域。CAN键用于删除输入域内的数据。

⑥ 通过控制操作面板手工输入 NC 程序。

将模式选择在 EDIT 方式下，按PROG键，进入程序页面，键入程序名，但不可以与已有程序名重复，按INSRT键，开始输入程序。

注意：每输完一段程序，键入EOBE，进行换行，再继续输入下一段程序。

3. 工件坐标系的建立

（1）目的

设定坐标系是在工件装夹完成以后进行的操作，主要目的是为寻找工作原点在机械座标系中的位置，其本质就是建立工件坐标系与机床坐标系的关系，为零件加工、程序的自动运行作准备。

注意：初学者对刀前一定要将主轴上的刀具旋转起来，否则易碰坏刀具。

（2）操作步骤

① 将方式选择旋转到手动输入位置，按下 PROG（程序）功能键，使屏幕显示 MDI 程序画面，输入正转与速度指令，使主轴转动起来。

② 将方式选择旋转在手轮进给位置，手摇轮移动三个坐标轴，使刀具切削中心点精确地定位到工件所设定的位置。

③ 按功能键 OFFSET 进入参数设定页面，如图 1-1-2 所示，选择软键坐标系（坐标系），使屏幕显示工件坐标系设定画面。

④ 将光标移到所选择或要改变的工件原点值上，一般都设定到番号 01（G54）中。

⑤ 通过地址数字键写入 x0.，按下测量软件键，所测数值就自动被指定为工件 X 轴的偏移量（或者直接将偏移量值输入到光标所在位置上）。

⑥ y0 和 z0 的设定重复④、⑤的操作，即可实现设定和要改变的偏移量。

⑦ 将模式选择在 MDI 模式下，输入一段程序后，按数控程序运行控制开关中的运行按钮，检验坐标系是否设定正确。

```
                    FANUC Series 0i-M

工件坐标系设定                      00000  N00000
(G54)
   番号        数据          番号        数据
   00   X   0.000        02   X   0.000
  (EXT) Y   0.000       (G55) Y   0.000
        Z   0.000              Z   0.000


   番号        数据          番号        数据
   01   X  -250.000       03   X   0.000
  (G54) Y  -240.000      (G56) Y   0.000
        Z  -220.000              Z   0.000
>
REF *** ***                          22:22:22
 [补正]  [SETING]  [坐标系]  [   ]  [操作]
```

图 1-1-2 参数设定页面

五、实训练习

学生练习：① 手动、手轮、回零、MDI、操作；
　　　　　② 程序录入、修改、模拟；
　　　　　③ 工件坐标系的建立。

项目二 简单零件加工

一、实训目的

1. 掌握加工方法。

2. 学会简单零件的程序编辑。

二、实训设备

1. FANUC-0i 系统数控铣床 5 台。

2. FANUC-0i 系统加工中心 5 台。

三、相关知识

1. 直线

G00：快速定位。

G01：FXX 直线命令。

2. 圆弧

G02：顺时针圆弧。

G03：逆时针圆弧。

3. 刀具补偿

G41：左补偿。

G42：右补偿。

G40：取消补偿。

四、实训内容与步骤

例1 加工图 1-1-3 所示工件，深度 2mm。

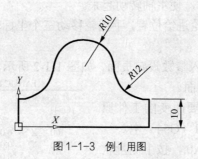

图 1-1-3 例1用图

1. 程序

```
O0001      程序名            G02X32Y22 R12
G54G90G00X10Y10Z100         G03X12R10
M03S1000                    G02X0Y10
G00X0Y0Z5G42D01             G01Y0
GO1Z-2F200                  Z5
G01X44                      G40G00X0Y0Z100
Y10                         M30
```

2. 加工步骤

（1）回零操作

对于增量控制系统（使用增量式位置检测元件）的机床，必须首先执行回参考点操作，以建立机床各坐标的移动基准。

（2）工件装夹与找正

上工件、找正对刀采用手动增量移动、连续移动或采用手摇轮移动机床。将起刀点对到程序的起始处，并对好刀具的基准。

（3）程序的编辑与模拟

输入的程序若需要修改，则要进行编辑操作。此时，将方式选择开关置于编辑位置，利用编辑键进行增加、删除、更改。

（4）工件坐标系的建立

① X、Y 向对刀。

a. 将工件通过夹具装在机床工作台上，装夹时，工件的 4 个侧面都应留出寻边器的测量位置。

b. 快速移动工作台和主轴，让寻边器测头靠近工件的左侧。

c. 改用微调操作，让测头慢慢接触到工件左侧，直到寻边器发光，记下此时机床坐标系中的 X 坐标值，如 -310.300。

d. 抬起寻边器至工件上表面之上，快速移动工作台和主轴，让测头靠近工件右侧。

e. 改用微调操作，让测头慢慢接触到工件左侧，直到寻边器发光，记下此时机械坐标系中的 X 坐标值，如 -200.300。

f. 若测头直径为 10mm，则工件长度为 -200.300-(-310.300)-10=100，据此可得工件坐标系原点 W 在机床坐标系中的 X 坐标值为 -310.300+100/2+5= -255.300。

g. 同理可测得工件坐标系原点 W 在机械坐标系中的 Y 坐标值。

② Z 向对刀。

a. 卸下寻边器，将加工所用刀具装上主轴。

b. 将 Z 轴设定器（或固定高度的对刀块，以下同）放置在工件上平面上。

c. 快速移动主轴，让刀具端面靠近 Z 轴设定器上表面。改用微调操作，让刀具端面慢慢接触到 Z 轴设定器上表面，直到其指针指示到零位。

d. 记下此时机床坐标系中的 Z 值，如 -250.800。

e. 若 Z 轴设定器的高度为 50mm，则工件坐标系原点 W 在机械坐标系中的 Z 坐标值为 $-250.800-50-(30-20)=-310.800$。

③ 将测得的 X、Y、Z 值输入到机床工件坐标系存储地址中（一般使用 G54～G59 代码存储对刀参数）。

④ 加工。

根据刀具的实际尺寸和位置，将刀具半径补偿值和刀具长度补偿值输入到与程序对应的存储位置。

需注意的是，补偿的数据正确性、符号正确性及数据所在地址正确性都将威胁到加工，从而导致撞车危险或加工报废。

⑤ 打扫机床。

五、实训练习

学生练习：简单零件编辑与加工。

项目三 复合零件加工

一、实训目的

1. 学习完整零件的编程工艺。

2. 掌握零件程序的编辑。

3. 培养学生动手能力。

二、实训设备

1. FANUC-0i 系统数控铣床 5 台。

2. FANUC-0i 系统加工中心 5 台。

三、相关知识

1. 循环

在数控加工中，有些典型的加工工序是由刀具固定的动作完成的，这种用单一程序段的指令即可完成加工，此种指令称为固定循环指令。

固定循环指令格式：

$$\begin{Bmatrix} G90 \\ G91 \end{Bmatrix} \begin{Bmatrix} G98 \\ G99 \end{Bmatrix} \begin{Bmatrix} G\_X\_Y\_R\_Z\_P\_Q\_K\_ \\ F\_L\_ \end{Bmatrix}$$

固定循环动作与数据形式如图 1-1-4 所示。

其中：G98——返回平面为初始平面；

　　　　G99——返回平面为安全平面（R 平面）；

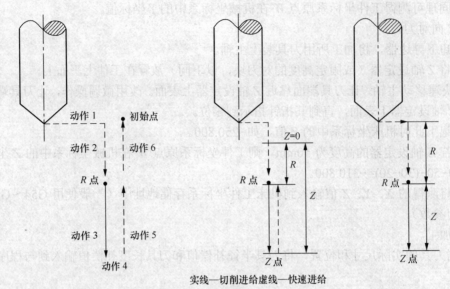

实线—切削进给 虚线—快速进给

图1-1-4 固定循环动作与数据形式

L——固定循环的重复次数；

G——固定循环指令；

X、Y——孔位置；

R——安全平面高度；

Z——孔深；

P——在孔底停留时间，ms；

Q——每次进刀深度；

K——每次向上退刀量；

F——进给速度。

固定循环指令分类如下。

钻孔循环：G73，G81，G83。

攻螺纹循环：G74，G84（切换至攻螺纹模式）。

镗孔循环：G76，G81，G82，G85，G86，G87，G88，G89。

取消固定循环：G80（G00，G01，G02，G03）。

2. 镜像

（1）镜像指令格式

G51.1：可编程镜像。

G50.1：取消镜像。

格式：G51.1　X--Y--；

　　　G50.1　X---Y--；

如果以 Y 轴为镜像对称轴：

格式：G51.1 X0；（Y 轴为镜像对称轴）

　　　G50.1 X0；（取消 Y 轴为镜像对称轴）

（2）图 1-1-5 所示为对称腰形工件，加工深 5mm

（3）参考程序

```
O3001；腰形凹槽                        G00 X-13.856 Y8 Z5 G41 D01;
G54 G90 G00 X0 Y0 Z100;               G01 Z-5 F200;
M03 S1200;                            G03 X-24.249 Y14 R6;
M98 P3002;                            G03 Y-14 R28;
G51.1 X0;                             G03 X-13.856 Y-8 R6;
M98 P3002;                            G02 Y8 R16;
G50.1 X0;                             G01 Z5;
G40 G00 X0 Y0 Z100;                   G40 G00 X0 Y0 Z100;
M30;                                  M99
O3002;
```

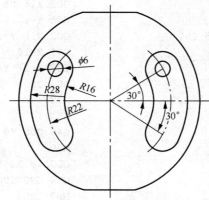

图 1-1-5　对称腰形工件

四、实训内容与步骤

编程实例（钻孔与轮廓）

给定图 1-1-6 所示图形，用 ϕ16 的刀具加工凹台，用 ϕ10 键槽刀加工凹槽，用 ϕ10 的钻头加工孔。以工件中心为工件坐标系原点。

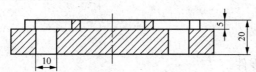

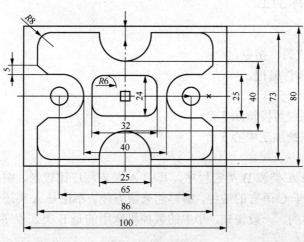

图 1-1-6　实训零件图

参考程序:

```
O0001    φ16 的面铣刀
G54 G90 G00 X-60 Y-50 Z100;
M03 S1200;
M98 P0002;
G51.1 X0;
M98 P0002;
G50.1 X0;
G40 G00 X0 Y0 Z100;
M30

O0002
G00 G41 X-38 Y-12.5 Z5 D01
X32.5
G03 Y12.5 R12.5
G01 X-38
X-43 Y17.5
Y28.5
G02 X-35 Y36.5 R8
G01 X-12.5
G03 X12.5 R12.5
G01 X35
G02 X43 Y28.5 R8
G01 Y17.5
X38 Y12.5
X32.5
G03 Y-12.5 R12.5
G01 X38
X43 Y-17.5
G01 Z5
G40 G00 X0 Y0 Z100
```

```
M99
O0003    φ10 的立铣刀
G54 G90 G00 X10 Y10 Z100
M03 S1200
G00 X-16 Y0 Z5 G42 D02
G01 X-16 Z-5 F100
Y6
G02 X-10 Y12 R6
G01 X10
G02 X16 Y6 R6
G01 Y-6
G02 X10 Y-12 R6
G01 X-10
G02 X-16 Y-6 R6
G01 Y0
X10
Z5
G40 G00 X0 Y0 Z100
M30
O0004 φ10 的钻头
G54 G90 G00 X0 Y0 Z100
M03 S800
G00 Z10
G98 G81 X32.5 Y0 Z-21 R-6 F50
 G81 X-32.5 Y0 Z-21 F50
G00 Z100
X0 Y0
M05
M30
```

五、实训练习

学生练习:加工上述零件。

项目四　宏程序加工

一、实训目的

1. 了解宏程序代码、指令。
2. 掌握基本的零件编程。

二、实训设备

1. FANUC-0i 系统数控铣床 5 台。
2. FANUC-0i 系统加工中心 5 台。

三、相关知识

数控宏程序分为 A 类和 B 类宏程序,其中 A 类宏程序比较老,编写起来也比较费时费力,B 类宏程序类似于 C 语言的编程,编写起来很方便。不论是 A 类还是 B 类宏程序,它们运行的效果都是一样的。一般说来,华中的数控机床用的是 B 类宏程序。数控宏程序具有如下优点。

① 可以编写一些非圆曲线，如椭圆、双曲线、抛物线等。

② 编写一些大批相似零件的时候，可以用宏程序编写，这样只需要改动几个数据就可以，不用进行大量重复编程。

下面主要介绍 B 类宏程序。

1. 定义

#I=#j

2. 算术运算

#I=#j+#k（加）

#I=#j−#k（减）

#I=#j×#k（乘）

#I=#j/#k（除）

3. 逻辑函数

（1）布尔函数

= EQ 等于

≠ NE 不等于

> GT 大于

< LT 小于

≥ GE 大于或等于

≤ LE 小于或等于

例：#I = #j 即#I EQ #J

（2）二进制函数

#I=#J AND #k（与，逻辑乘）

#I=#J OR #k（或，逻辑加）

#I=#J XOR #k（非，逻辑减）

4. 三角函数

#I=SIN[#j] 正弦

#I=COS[#j] 余弦

#I=TAN[#j] 正切

#I=ASIN[#j]反正弦

#I=ACOS[#j]反余弦

#I=ATAN[#j] 反正切

5. 四舍五入函数

#I=ROUND[#j] 四舍五入化整

#I=FIX[#j] 上取整

#I=FUP[#j] 下取整

6. 辅助函数

#I=SQRT[#j] 平方根

#I=ABS[#j] 绝对值

#I= LN [#j] 自然对数

#I= EXP [#j] 指数函数

7. 变换函数

#I=BIN[#j]　BCD→BIN（十进制转二进制）

#I=BCD[#j]　BIN→BCD（二进制转十进制）

8. 转移和循环

① 无条件的转移格式：GOTO　1；GOTO　#10；

② 条件转移 1 格式：IF[<条件式>]　GOTO　n

条件式：例如，#j=#k 用 #j EQ #k 表示，即 IF[#j EQ #k] GOTO n

③ 条件转移 2 格式：IF[<条件式>]　THEN #I

例：IF[#j EQ #k] THEN #a=#b

④ 循环格式：WHILE [<条件式>] DOm，（m=1，2，3）

N10～～～～～

N20～～～～～

ENDm（上下两个 m 只能为 1、2、3 且必须相同，这样才能够成为一段程序的循环）

四、实训内容与步骤

1. 椭圆

椭圆加工（编程思路：以一小段直线代替曲线）。

例 2　整椭圆轨迹线加工（假定加工深度为 2mm），如图 1-1-7 所示。

已知椭圆的参数方程 $X=a\cos\theta$

变量数学表达式如下。

设定 $\theta=$ #1(0°～360°)

那么　$\theta=$ #2 $=\theta\cos$[#1]

$\theta=$ #3$=\theta\sin$[#1]

程序

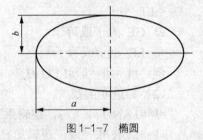

图 1-1-7　椭圆

```
O0001;
S1000 M03;
G90 G54 G00 Z100;
G00 Xa Y0;
G00 Z3;
G01 Z-2 F100;
#1=0;
```

```
N99 #2=a*cos[#1];
#3=b*sin[#1];
    G01 X#2 Y#3 F300;
    #1=#1+1;
    IF[#1LE360]GOTO99;
    GOO Z50;
M30;
```

2. 孔口倒圆角

编程思路：以若干不等半径整圆代替环形曲面。

例 3　平刀倒凸圆角，如图 1-1-8 所示。

已知孔口直径 ϕ，孔口圆角半径 R，平刀半径 r。

建立几何模型如下。

设定变量表达式

#1=θ=0（θ 从 0°～90°，设定初始值#1=0）

#2=$X=\phi/2+R-r-R*$SIN[#1]

#3=$Z=R-R*$COS[#1]

程序

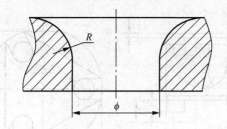

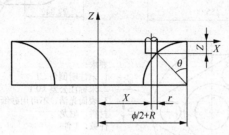

图 1-1-8 平刀倒凸圆角

```
O0001;                          G01 X#2 Y0 F300;
S1000 M03;                      G01Z-#3 F100;
G90 G54 G00 Z100;               G03 X#2 Y0 I-#2 J0 F300;
G00 X0 Y0;                      #1=#1+1;
G00 Z3;                         IF[#1LE90]GOTO99;
#1=0                            G00 Z100;
N99#2 =φ/2+R-r-R*SIN[#1]        M30;
#3 =R-R*COS[#1]
```

五、实训练习

学生练习：宏程序的加工。

项目五 典型零件加工（选修）

一、实训目的

1. 学习完整零件的编程工艺。

2. 掌握零件程序的编辑。

3. 培养学生动手能力。

二、实训设备

1. FANUC-0i 系统数控铣床 5 台。

2. FANUC-0i 系统加工中心 5 台。

三、相关知识

零件图如图 1-1-9 所示，加工正反面，毛坯料为 φ55 的圆棒。

1. 工艺分析

根据图样要求应先加工俯视图，然后加工反面。反面必须后加工方便装夹。

（1）俯视图

① 粗加工凹槽，选用 φ10 两刃铣刀。

② 粗加工方凹槽，选用 φ10 两刃铣刀。

③ 粗加工 φ10 的平孔，选用 φ10 两刃铣刀。

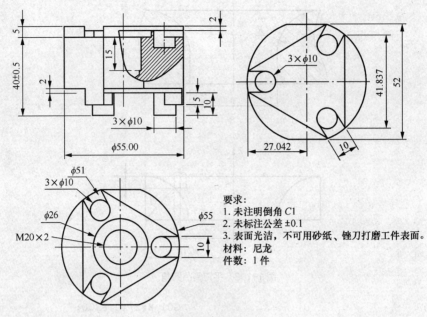

要求：
1. 未注明倒角 C1
2. 未标注公差 ±0.1
3. 表面光洁，不可用砂纸、锉刀打磨工件表面。
材料：尼龙
件数：1 件

图 1-1-9 零件图

④ 钻孔加工，选用 φ18 的钻头。
⑤ 精加工凹槽，选用 φ10 两刃铣刀。
⑥ 精加工方凹槽，选用 φ10 两刃铣刀。
⑦ 扩孔加工，选用 φ12 两刃铣刀。
⑧ 铰孔加工，选用 M20×2 机用铰刀。
（2）加工反面
① 粗加工 φ10 凸台，选用 φ12 两刃铣刀。
② 粗加工方形凸台，选用 φ12 两刃铣刀。
③ 粗加工三角形凸台，选用 φ12 两刃铣刀。
④ 精加工 φ10 凸台，选用 φ12 两刃铣刀。
⑤ 精加工方形凸台，选用 φ12 两刃铣刀。
⑥ 精加工三角形凸台，选用 φ12 两刃铣刀。
2. 所用刀具、量具
名称规格备注如下。
（1）立铣刀 φ10
（2）立铣刀 φ12
（3）中心钻 φ3
（4）钻头 φ18
（5）游标卡尺
（6）压板、平口虎钳
3. 数控加工程序
（1）加工毛坯：要求 φ55×50 棒料
（2）φ10 立铣刀

（3）刀补为 5mm

（4）建立工件坐标系，工件中心

（5）ϕ12 立铣刀

（6）建立工件坐标系在工件中心

（7）加工深度根据图形尺寸而定

（8）刀补为 6mm

四、实训内容与步骤

参考程序如下。

1. 加工俯视图

```
O1323   程序名铣凹三角形（内轮廓）
G54 G90 G00 X0 Y0 Z100
M03 S1500
G00 G4 X26.6 Y5 Z5 D01
G01 Z-2 F150
X-10 Y26
G03 X-18 Y21 R27.5
G01 Y-21
G03 X-10 Y-26 R27.5
G01 X26.6 Y-5
G03 Y5 R27.5
G01 Z5
G40 G00 X0 Y0 Z100
M30
O1234   主程序
  G54 G90 G00 X0 Y0 Z100;
  M03 S1500;
  M98 P0002;
   G68 X0 Y0 R120;
M98  P0002;  子程序调用
  G68 X0 Y0 R240
  M98 P0002
  G69 X0 Y0
  G00 X0 Y0
M98 P0003;
  G68 X0 Y0 R120;
   M98 P0003;
  G68 X0 Y0 R240
  M98 P0003
  G69 X0 Y0
  G00 X0 Y0
  M30
O00002   子程序加工凹槽
G00 X37 Y5 Z5 G41 D01
GO1 Z-5 F150
G01 X19
G03 Y-5 R5
```

```
G01 X37
Z5
G40 G00 X0 Y0 Z100
M99
O00003   加工直径10 的孔
G00 X19 Y0 Z5
G01 Z-10 F150
G00 Z5
G00 X10 Y10 Z100
M99
O2333   加工$\phi$26 的凹圆
G54 G90 G00 X0 Y0 Z100
M03 S1500
G00 Z5
G01 Z-26 F150
X8
G03 X-8 R8
G03 X8 R8
G01 X0
G00 Z100
M30
O2344   用$\phi$18 钻头加工孔
  G54 G90 G0 X0 Y0 Z100
  M03 S500
  G00 X0 Y0 Z10
G81 X0 Y0Z-25 F100 R5
  G00 X0 Y0 Z100
  M30

O1234   用 M20×2 的丝锥加工螺纹
G54 G90 G00 X0 Y0 Z100
  M03 S50
  G00 X0 Y0 Z10
G84 X0 Y0 Z-20 F100 R5
  G00 X0 Y0 Z100
  M30
```

2. 加工反面

```
O0004      主程序
 G54 G90 G00 X0 Y0 Z100;
 M03 S1500;
 M98 P0005;
 G68 X0 Y0 R120;  子程序调用
 M98 P0005;
 G68 X0 Y0 R240
 M98 P0005
 G69 X0 Y0
 G00 X0 Y0
 M98 P0006;
 G68 X0 Y0 R120;
 M98 P0006;
 G68 X0 Y0 R240
 M98 P0006
 G69 X0 Y0
 G00 X0 Y0
 M30
 O0005   加工 10 的凸台, 深 5mm
 G00 X19 Y5 Z5 G42 D01
 G01 Z-5 F150
 G03 Y-5 R5
 G03 Y5 R5
 G03 Y-5 R5
 G01 Z5
```

```
 G40 G00 X0 Y0 Z100
 M30
 O0006     加工凸台, 深 10mm
 G00 X37 Y5 Z5 G41 D01
 G01 Z-10 F150
 G01 X19
 G03 Y-5 R5
 G01 X37
 Z5
 G40 G00 X0 Y0 Z100
 M99
 O0055     加工三角形凸台
 G54 G90 G00 X0 Y0 Z100
 M03 S1500
 G00 G42 X26.6 Y5 Z5 D01
 G01 Z-12 F150
 X-10 Y26
 G03 X-18 Y21 R27.5
 G01 Y-21
 G03 X-10 Y-26 R27.5
 G01 X26.6 Y-5
 G03 Y5 R27.5
 G01 Z5
 G40 G00 X0 Y0 Z100
 M30
```

五、实训练习

学生练习：练习图 1-1-9 所示工件的程序编辑与加工。

第二节　SIMENS、华中系统数控铣削加工

项目一　铣床基本操作

一、实训目的

1. 学习机床 SIMENS、华中系统的基本操作过程和方法。

2. 学习机床 SIMENS、华中系统的程序编辑方法。

3. 练习机床 SIMENS、华中系统的程序检验方法。

4. 掌握工件坐标系的建立和工作原理。

二、实训设备

1. SIMENS 系统数控铣床 5 台。

2. 华中世纪星系统加工中心 2 台。

三、相关知识

1. 华中系统控制面板（见图 1-2-1）

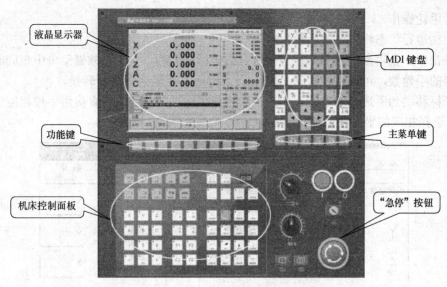

图 1-2-1 华中世纪星铣床系统操作面板

2. 西门子系统控制面板（见图 1-2-2）

四、实训内容与步骤

1. 西门子系统

西门子系统基本操作如下。

（1）手动方式操作

通过机床控制面板上的 JOG 键选择 JOG 运行方式。操作相应的方向键 X，Y 或 Z 轴，可以使坐标轴运行。只要相应的键一直按着，坐标轴就一直连续不断地以设定数据中的速度运行，如果设定数据中此值为"零"，则运行速度为零。需要时可以使用修调开关 ⊙ 调节速度。如果同时按相应的坐标轴和"快进键"，则坐标轴以快进速度运行。

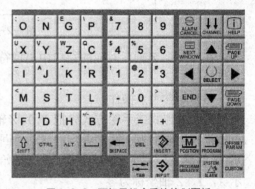

图 1-2-2 西门子机床系统控制面板

在"JOG"状态图上显示位置如图 1-2-3 所示，进给值、主轴值和刀具值见图中数值。

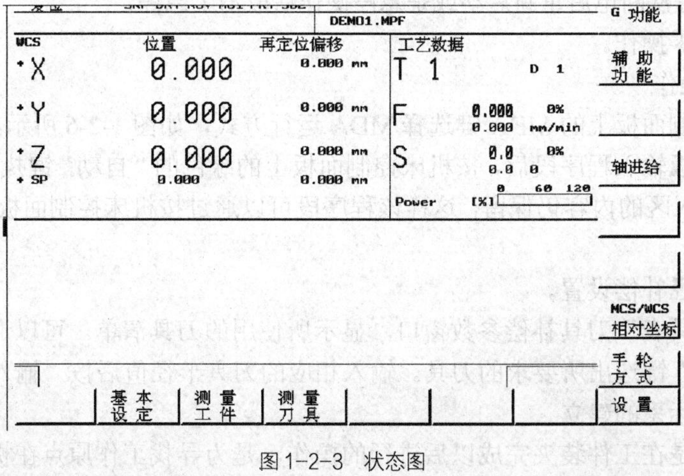

图 1-2-3 状态图

（2）手轮操作

在手动运行状态将出现"手轮"窗口

打开窗口，在"坐标轴"一栏显示所有的坐标轴名称，它们在软键菜单中也同时显示。视所连接的手轮数，可以通过移动光标 ← ↑ ↓ → 在手轮之间进行转换。

将光标移动到所选择的手轮，然后按动相应坐标轴的软键，或直接用手按相应的 X，Y，Z 软键，选择相应的坐标轴，如图 1-2-4 所示。

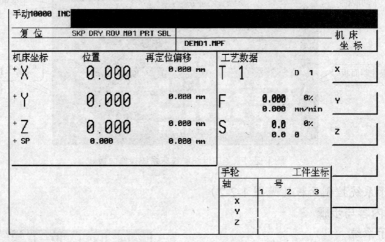

图 1-2-4 X，Y，Z 软键选择

在 X，Y，Z 轴后对应的窗口中出现符号☑，另外可以按机床控制面板上的"增量"键改变手轮倍率。

（3）回参考点操作

用手动方式或手轮方式先把 X，Y，Z 轴移动到不在零的位置（最好同为负值或同为正值），再按机床控制面板上回参考点键启动"回参考点"，然后持续逐一按住机床控制面板上的 Z，X，Y 轴键（同为负或同为正），机床开始回零。当机床回零后，机床控制面板上的显示屏显示 X，Y，Z 轴坐标为零。

在"回参考点"窗口中（见图 1-2-5）显示该坐标轴是否必须回参点。

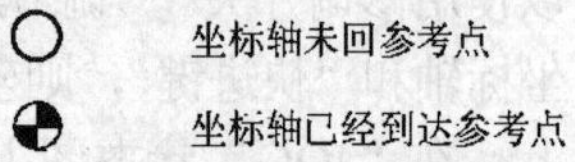

○ 坐标轴未回参考点

◖ 坐标轴已经到达参考点

图 1-2-5 坐标轴显示

注意：机床每次断电后重新启动或是急停操作后取消了急停，都要进行重新回零操作。

（4）MDA 操作

通过机床控制面板上的 MDA 键选择 MDA 运行方式，如图 1-2-6 所示。

通过操作面板输入程序段后，按机床控制面板上的绿色的"自动"键执行输入的程序段。执行完毕后，输入区的内容仍保留，这样该程序段可以通过按机床控制面板的绿色的"自动"键再次重新运行。

（5）刀具半径补偿设置。

按软键"刀具表"刀具补偿参数窗口，显示所使用的刀具清单。可以通过光标键和"上一页"、"下一页"键选出所要求的刀具。输入相应的刀具半径值后按"输入键"确认。

（6）工件坐标系的建立

设定坐标系是在工件装夹完成以后进行的操作，是为寻找工作原点在机械座标系中的位置而进行的一项非常重要的操作，其本质就是建立工件坐标系与机床坐标系的关系，为零件加工、程序的自动运行作准备。

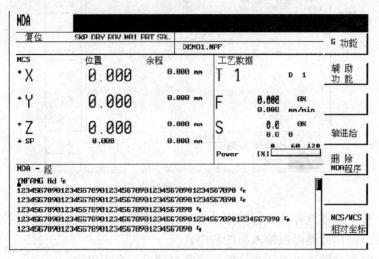

图 1-2-6　MDA 运行方式

注意：初学者对刀前一定要将主轴上的刀具旋转起来，否则，易碰坏刀具。

用手轮方式把主轴移到要求设定的对刀点。

① 按机床控制面板上的"OFFSET"键，再按软键"零点偏置"进入对刀设置窗口，如图 1-2-7 所示。

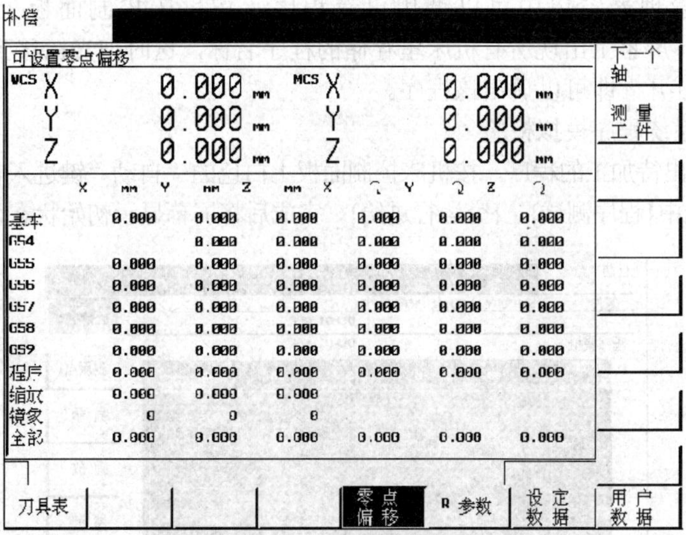

图 1-2-7　零点偏置窗口

② 把 MCS 坐标相应的 $X，Y，Z$ 值输入到对应的 G54～G59 的 $X，Y，Z$ 里面（一般为 G54 中）。

③ 输入完后再按屏幕上的"输入有效"软键即可。

④ 设置好坐标系后在 MDI 方式下运行相应的坐标系，再输入程序段验证坐标系是否正确。

（7）西门子系统程序的输入和编辑

① 打开"程序"管理器，以列表形式显示零件程序或者循环目录，如图 1-2-8 所示。

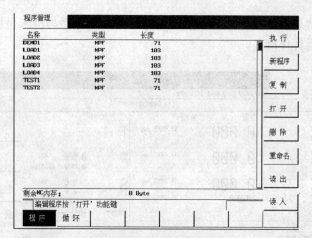

图 1-2-8 零件程序和循环目录

② 执行：按下此键选择待执行的零件程序。按机床执行键时启动该程序。

③ 新程序：操作此键可以输入新的程序。

④ 复制：操作此键可以把所选择的程序复制到另一个程序中。

⑤ 打开：按此键打开待执行的程序。

⑥ 删除：用此键可以删除光标定位的程序，并提示对该选择进行执行清除功能，按"返回键"取消并返回。

⑦ 重命名：操作此键出现一窗口，在此可以更改光标所定位的程序名称。

⑧ 输入新的程序名后按"确认"键，完成名称更改，用返回键取消此操作。

⑨ 在程序管理器窗口中可以调用已有程序，按机床控制面板上的"PROGRAM MANAGER"键，屏幕上出现所有机床里存储的程序名称，这时把光标移到要调用的程序名称上，按软键"打开"即可以调出该程序。

（8）西门子系统程序模拟检验

① 方法：调出待加工的程序，按机床控制面板上白色的"自动"键进入自动运行方式，按{程序控制}键，选中{程序测试}、{空运行进给}，完成后将屏幕显示初始状态，如图1-2-9所示。

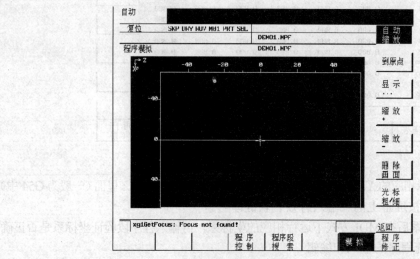

图 1-2-9 屏幕显示初始状态

按机床控制面板上的绿色"自动"键开始模拟所选择的零件程序。

② 软键介绍。

自动缩放：操作此键可以自动缩放所记录的刀具轨迹。

到原点：按此键，可以恢复到图形的基准设定。

显示：按此键，可以显示整个工件。

缩放+：按此键，可以放大显示的图形。

缩放-：按此键，可以缩小显示的图形。

删除画面：按此键，可以擦除显示的图形。

光标粗/细：按此键，可以调整光标的步距大小。

程序控制：按此键显示所有用于选择程序控制方式的软键（如程序段跳跃，程序测试）。

程序测试：在程序测试方式下所有进给轴和主轴的给定值被禁止输出，此时给定值区域显示当前运行数值。

空运行进给：进给轴以空运行设定数据中的设定参数运行，执行空运行进给时编程指令无效。

2. 华中世纪星系统

华中世纪星系统基本操作如下。

（1）手动操作

按下"手动"按键（指示灯亮），系统处于手动工作方式，在手动工作方式下，可移动机床坐标轴。

① 按压"+X"或"-X"按键（指示灯亮），X轴将产生正向或负向连续移动；松开"+X"或"-X"按键（指示灯灭），X轴即减速停止。

② 用同样的操作方法使用"+Y"、"-Y"、"+Z"、"-Z"、"+4TH"、"-4TH"按键，可以使Y轴、Z轴、4TH轴产生正向或负向连续移动。

③ 同时按压多个方向的轴键，每次能连续移动多个坐标轴。

④ 在手动进给时，若同时按压"快进"按键，则相应轴的正或负向快速运动。按压进给修调或快速修调旁边"+"、"-"，每按一次倍率波动10%，修调倍率的一次增减大小可由PLC设定。

（2）增量（手摇轮）操作

当手持单元的坐标轴选择波段开关置于"X"、"Y"、"Z"、"4TH"挡时，按机床上的"增量"按键（指示灯亮），通过手持单元上另一个选择开关选择倍率，顺时针或逆时针旋转手摇脉冲发生器一格则相应的轴就会向正或负方向移动一个增量值。倍率如表1-2-1所示。

表 1-2-1   信率表

位置	×1	×10	×100
增量值（mm）	0.001	0.01	0.1

（3）回零操作

① 通电后按"F9"切换到坐标界面。

② 用"手动"或"增量"方式把X、Y、Z轴坐标移到负值（最好是-50以上）。

③ 按机床控制面板上的"回零"键。

④ 持续逐一按住机床控制面板上的X、Y、Z（同正），机床开始回零。回零结束后屏幕

坐标显示全部为零。

（4）手动输入数据（MDI）操作

在主菜单按"F3"进入 MDI 功能子菜单显示界面，如图 1-2-10 所示。

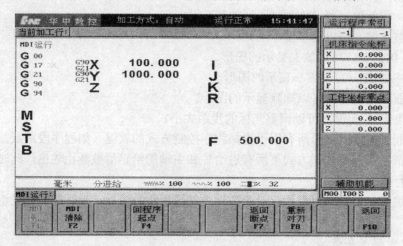

图 1-2-10　MDI 方式

在 MDI 运行一栏输入所要运行的程序，如：

输入"M03 S1000"

在输入指令时，可一次输完后按"Enter"键，也可以输一个代码（如 G00）按"Enter"键。在按"Enter"键前发现错误，可通过 NC 键盘上的光标键移动，然后用"BS"键删除；按"Enter"后，发现错误，会提示相应的错误，按"MDI 清除"键将输入数据清除。

（5）刀具补偿的设置

在主界面下按"F4"键进入刀具补偿功能子菜单。命令行与菜单条显示如图 1-2-11 所示。

图 1-2-11　刀具补偿功能子菜单

① 刀库表：在刀具补偿功能子菜单下按"F1"键进入刀库设置，图形窗口显示如图 1-2-12 所示。用光标键"Pgup"、"Pgdn"移动光标，按"Enter"键选择，修改完成后再按"Enter"键确认。

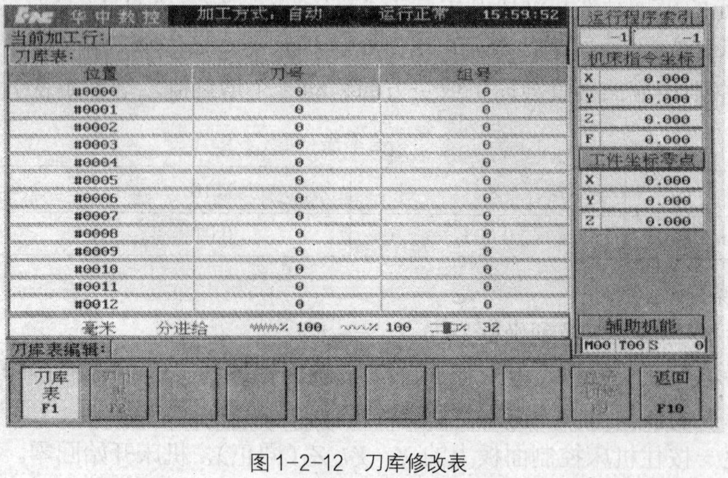

图 1-2-12　刀库修改表

② 刀具表：在 MDI 功能子菜单下按"F2"键进行刀具设置，显示窗口如图 1-2-13 所示。
用光标键"Pgup"、"Pgdn"移动光标，按"Enter"键选择，修改完成后再按"Enter"键确认。
主要设置长度、半径补偿。

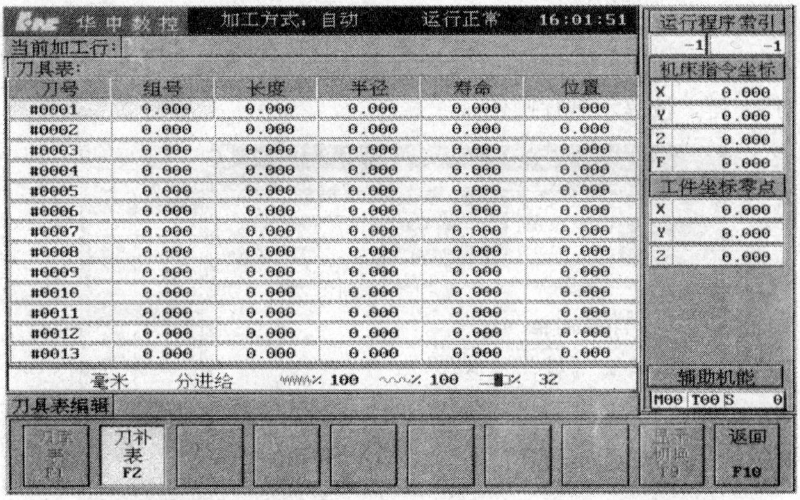

图 1-2-13　刀具数据的输入与修改

（6）工件坐标系的建立

① 用"增量"方式把主轴移到要求设置的对刀点。

② 按"F5"键进入图 1-2-14 所示界面。再按"F1"键进入坐标系设定，图形显示窗口
首先显示 G54 坐标系数据，如图 1-2-15 所示。

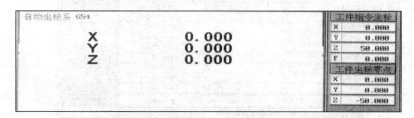

图 1-2-14　设置功能子菜单

图 1-2-15　坐标系设置界面

③ 按"Pgdn"、"Pgup"键或直接按相应的 F1～F7 键选择要输入的坐标系：G54～G59
坐标系，把相应的 X、Y、Z 值输入到相应的 G54～G59 中的 X、Y、Z（一般设定至 G54 中）。
输完后按"Enter"键。

④ 设置好坐标系后在 MDI 方式下运行相应的坐标系，再输入程序段验证坐标系是否
正确。

（7）华中世纪星系统程序的输入和编辑

在主菜单按"F1"键进入程序功能子菜单。命令行与菜单条的显示如图 1-2-16 所示。
在程序功能子菜单下，可以对加工程序进行编辑、存储、校验等操作。

图1-2-16 程序功能子菜单

① 编辑程序：按"F2"（编辑程序）键，然后按"F3"（新建程序）键，提示输入文件名，进入程序编辑窗口，则可以把自己编好的程序输入进去，如图1-2-17所示。输完之后按"F4"（保存程序）键，按提示进行操作。

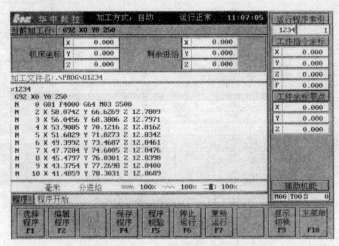

图1-2-17 程序编辑界面

② 选择程序：按"F1"（选择程序）键，出现图1-2-18所示界面。

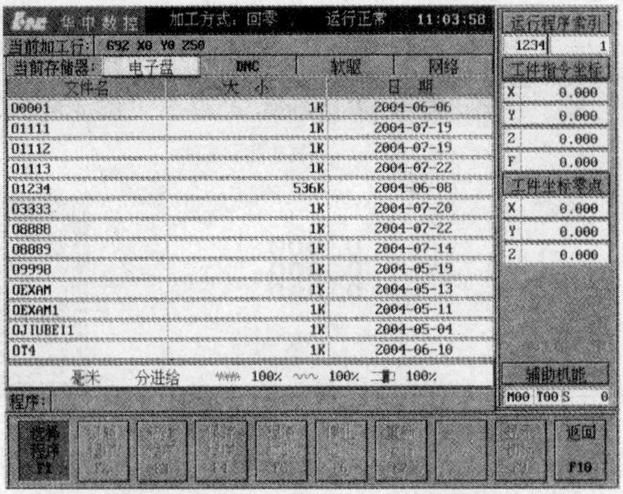

图1-2-18 程序选择界面

通过光标选择自己要打开的程序后按"Enter"键即可打开程序。

③ 程序修改：当模拟或输入程序出错后，先按"F6"（程序停止）键，然后进入程序编辑窗口，通过光标键移动到所需修改的程序，按"BS"键删除，再输入正确的程序即可。

④ 程序删除：按"F1"（选择程序）键，通过光标选择要删除的程序，根据提示操作即可。

（8）华中世纪星系统程序模拟检验

程序的模拟：

编辑完或选择程序后按"F5"（程序校验）键，并且选择控制面板上自动方式。

模拟时要注意以下几点。

① 操作控制面板，在手动方式下按"机床锁住"键。

② 在自动方式下按"空运行进给"键，然后按"F9"（显示切换）键切换到画面状态。

③ 最后按控制面板上的"循环启动"，开始模拟。

当模拟或输入程序出错后，先按"F6"（程序停止）键，然后进入程序编辑窗口，通过光标键移动到所需修改的程序，按"BS"键删除，再输入正确的程序即可。

五、实训练习

学生练习：练习各种基本操作。

项目二　简单零件加工

一、实训目的

1. 掌握加工方法，

2. 学会简单零件的程序编辑。

二、实训设备

1. SIMENS 系统数控铣床 5 台。

2. 华中世纪星系统加工中心 2 台。

三、相关知识

1. 直线

G00：快速定位。

GO1：FXX 直线命令。

2. 圆弧

G02：顺时针圆弧。

G03：逆时针圆弧。

西门子系统区别：G02/G03 X_Y_CR=_；半径和圆弧终点

3. 刀具补偿

G41：左补偿。

G42：右补偿。

G40：取消补偿。

四、实训内容与步骤

如图 1-2-19 所示，分析零件图并进行简单程序编辑，加工深度 2mm。

参考程序如下。

1. 华中系统

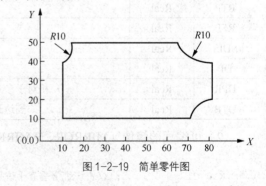

图1-2-19　简单零件图

```
%1111  程序名                  G02 X70 Y60 R10
G54 G90 G00 X50 Y50 Z100       G01 X20
M03 S1200                      G03 X10 Y50 R10
G00 X0 Y0 Z10 G42 D01          G01 X10 Y10
G01 X10 Y10 Z-2 F100           Z10
X70                            G00 X0 Y0 Z50 G40
G02 X80 Y20 R10                M30
G01 Y50                        %
```

2. 西门子系统

```
KEJI    程序名
G54 G90 G00 X50 Y50 Z100
M03 S1200
G00 X0 Y0 Z10 G42 D01
G01 X10 Y10 Z-2 F100
X70
G02 X80 Y20 CR=10
G01 Y50

G02 X70 Y60 CR=10
G01 X20
G03 X10 Y50 CR=10
G01 X10 Y10
Z10
G00 X0 Y0 Z50 G40
M30
```

五、实训练习

学生练习：程序编辑与加工。

项目三　复合零件加工

一、实训目的

1. 学习完整零件的编程工艺。
2. 掌握零件程序的编辑。
3. 培养学生动手能力。

二、实训设备

1. SIMENS 系统数控铣床 5 台。
2. 华中世纪星系统加工中心 2 台。

三、相关知识

1. 西门子系统

（1）固定循环

中心钻孔（CYCLE82）

CYCLE82（RTP，RFP，SDIS，DP，DPR，DTB），各参数意义如表 1-2-2 所示

表 1-2-2　　　　　　　　　　　　CYCLE82 各参数意义

RTP	Real	返回平面（绝对坐标）
RFP	Real	参考平面（绝对坐标）
SDIS	Real	安全高度（无正负符号输入）
DP	Real	最后钻孔深度（绝对坐标）
DPR	Real	相对于参考平面的最后钻孔深度（无正负号输入）
DTB	Real	到达最后钻孔深度时的停顿时间（断屑）

（2）可编程的镜像（MIRROR、AMIRROR）

```
...
N10 G17           ; X/Y平面，Z垂直于该平面
N20 L10           ; 编的轮廓，带 G41
N30 MIRROR X0     ; 在 X 轴上改变方向加工
N40 L10           ; 镜像的轮廓
N50 MIRROR Y0     ; 在 Y 轴上改变方向加工
N60 L10
N70 AMIRROR X0    ; 在 Y 轴镜像的基础上 X 轴再镜像
N80 L10           ; 轮廓镜像两次加工
N90 MIRROR        ; 取消镜像功能
```

2. 华中系统

（1）循环（详见第一节）

在数控加工中，有些典型的加工工序是由刀具固定的动作完成的，这种用单一程序段的指令即可完成加工，此种指令称为固定循环指令。

固定循环指令分类：

钻孔循环：G73，G81，G83。

攻螺纹循环：G74，G84（切换至攻螺纹模式）。

镗孔循环：G76，G81，G82，G85，G86，G87，G88，G89。

取消固定循环：G80（G00，G01，G02，G03）。

（2）镜像功能 G24、G25

格式：G24 X—Y—Z—

　　　　M98 P-

　　　　G25 X—Y—Z—

G24：建立镜像，由指令坐标轴后的坐标值指定镜像位置（对称轴、线、点）。

G25：用于取消镜像。

G24、G25 为模态指令，可相互注销，G25 为默认值。

注：有刀补时，先镜像，然后进行刀具长度、半径补偿。

例　零件图如图 1-2-20 所示，文件名（O1234）。

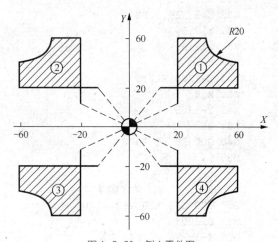

图 1-2-20　例1零件图

```
%1 程序名　主程序              M30
G54 G90 G00 X0 Y0 Z10          %100     子程序
G91 G17 M03                    G01 Z-5 F50
M98 P100      加工①           G00 G41 X20 Y10 D01
G24 X0        以 Y 轴镜像      G01 Y60
M98 P100      加工②           X40
G25 X0        取消 Y 轴镜像    G03 X60 Y40 R20
G24 X0 Y0     以位置点（0，0）镜像   Y20
M98 P100      加工③           X10
G25 X0 Y0     取消（0，0）点镜像  G00 X0 Y0
G24 Y0        以 X 轴镜像      Z10
M98 P100      加工④           M99
G25 Y0        取消 X 轴镜像    %
```

四、实训内容与步骤

详细图形参数参照第一节项目三图形。

参考程序

1. 华中系统

```
%0001              φ16 的面铣刀     G24 X0
G54 G90 G00 X-60 Y-50 Z100         M98 P0002
 M03 S1200                         G25 X0
 M98 P0002                         G40 G00 X0 Y0 Z100
```

```
M30
%0002
G00 G41 X-38 Y-12.5 Z5 D01
X32.5
G03 Y12.5 R12.5
G01 X-38
X-43 Y17.5
Y28.5
G02 X-35 Y36.5 R8
G01 X-12.5
G03 X12.5 R12.5
G01 X35
G02 X43 Y28.5 R8
G01 Y17.5
X38 Y12.5
X32.5
G03 Y-12.5 R12.5
G01 X38
X43 Y-17.5
G01 Z5
G40 G00 X0 Y0 Z100
M99
%
%0003        φ10 的立铣刀
G54 G90 G00 X10 Y10 Z100
M03 S1200
G00 X-16 Y0 Z5 G42 D02
```

2. 西门子系统

```
fly          φ16 的面铣刀
G54 G90 G00 X-60 Y-50 Z100
 M03 S1200
L1122
MIRROR X0
L1122
AMIRROR X0
 G40 G00 X0 Y0 Z100
 M30

L1122
G00 G41 X-38 Y-12.5 Z5 D01
X32.5
G03 Y12.5 CR=12.5
G01 X-38
X-43 Y17.5
Y28.5
G02 X-35 Y36.5 CR=8
G01 X-12.5
G03 X12.5 CR=12.5
G01 X35
G02 X43 Y28.5 CR=8
G01 Y17.5
```

```
G01 X-16 Z-5 F100
Y6
G02 X-10 Y12 R6
G01 X10
G02 X16 Y6 R6
G01 Y-6
G02 X10 Y-12 R6
G01 X-10
G02 X-16 Y-6 R6
G01 Y0
X10
Z5
G40 G00 X0 Y0 Z100
M30
%
%0004        φ10 的钻头
G54 G90 G00 X0 Y0 Z100
M03 S800
G00 Z10
G98 G81 X32.5 Y0 Z-21 R-6 F50
 G81 X-32.5 Y0 Z-21 F50
G00 Z100
X0 Y0
M05
M30
%
```

```
X38 Y12.5
X32.5
G03 Y-12.5 CR=12.5
G01 X38
X43 Y-17.5
G01 Z5
G40 G00 X0 Y0 Z100
M02


TIAN          φ10 的立铣刀
G54 G90 G00 X10 Y10 Z100
M03 S1200
G00 X-16 Y0 Z5 G42 D02
G01 X-16 Z-5 F100
Y6
G02 X-10 Y12 CR=6
G01 X10
G02 X16 Y6 CR=6
G01 Y-6
G02 X10 Y-12 CR=6
G01 X-10
G02 X-16 Y-6 CR=6
G01 Y0
```

```
X10                           G00 Z10
Z5                            CYCLE82 (5, 0, 5, -22, 22, 0.1 )
G40 G00 X0 Y0 Z100            CYCLE82 (5, 0, 5, -22, 22, 0.1 )
M30                           G00 Z100
O0004        φ10 的钻头          X0 Y0
G54 G90 G00 X0 Y0 Z100        M05
M03 S800                      M30
```

五、实训练习

学生练习：钻孔、镜像的编辑并加工上述零件。

项目四　宏程序加工

一、实训目的

1. 了解宏程序代码、指令。

2. 掌握基本的零件编程。

二、实训设备

1. SIMENS 系统数控铣床 5 台。

2. 华中世纪星系统加工中心 2 台。

三、相关知识

1. 华中系统

（1）宏变量及常量

① 宏变量。

#0～#49 当前局部变量

② 常量。

PI：圆周率π。

TRUE：条件成立（真）。

FALSE：条件不成立（假）。

（2）运算符与表达式

① 算术运算符：+, -, *, /。

② 条件运算符：

EQ（=），NE（≠），GT（>），GE（≥），LT（<），LE（≤）。

③ 逻辑运算符：

AND，OR，NOT。

④ 函数：

SIN，COS，TAN，ATAN，ATAN2，ABS，INT，SIGN，SQRT，EXP。

⑤ 表达式：用运算符连接起来的常数、宏变量构成表达式。

（3）赋值语句

格式：宏变量=常数或表达式

例如：#3=124.0；

（4）条件判别语句 IF，ELSE，ENDIF

格式（i）：IF 条件表达式

　　…

　ELSE

```
...
ENDIF
```

2. SIEMENS 系统

① SIEMENS 系统宏程序应用的计算参数。

R0～R99——可自由使用。

R100～R249——加工循环传递参数（如程序中没有使用加工循环，这部分参数可自由使用）。

R250～R299——加工循环内部计算参数（如程序中没有使用加工循环，这部分参数可自由使用）。

② 赋值方式为程序的地址字赋值时，在地址字之后应使用"="，N、G、L除外，例如，G00 X=R2

③ 控制指令主要有：

IF 条件 GOTOF 标号 GOTOF——向前跳转；

IF 条件 GOTOB 标号 GOTOB——向后跳转。

四、实训内容与步骤

椭圆轮廓加工，如图 1-2-21 所示。

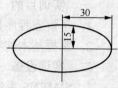

图 1-2-21 椭圆轮廓

1. 华中系统程序

```
%1101                          #5=#1*COS[#7*PI/180]
#1=30                          #6=#2*SIN[#7*PI/180]
#2=15                          X#5Y#6F600
#8=1                           #7=#7+#8
S1000M03                       ENDW
G54G90G00G40X0Y0Z30            G00Z30
G41D01G01X0Y#2F1000            G40X0Y0
Z-5F300                        M05
#7=90                          M30
#7=#7+#8                       %
WHILE#7GE460
```

2. SIEMENS 系统程序

```
chao                           R3=10*SIN(R1)
G54 G90 G00 X45 Y0 Z100        G01 XR2 YR3 F200
M03 S1000                      R1=R1+1
G00 Z5                         IF R1<=360 GOTOB AAA
G01 Z-5 F200                   G01 Z5
R1=0                           G00 X0 Y0 Z100
AAA:                           M30
R2=30*COS(R1)
```

五、实训练习

学生练习：椭圆的编辑与加工。

项目五 典型零件加工（选修）

一、实训目的

1. 学习完整零件的编程工艺。
2. 掌握零件程序的编辑。
3. 培养学生动手能力。

二、实训设备

1. SIMENS 系统数控铣床 5 台。

2. 华中世纪星系统加工中心 2 台。

三、相关知识

典型零件图如图 1-2-22 所示，加工正反面，毛坯料为 φ60 的圆棒。

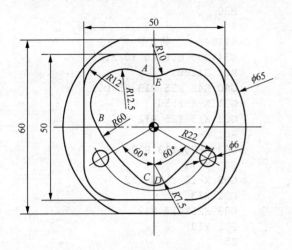

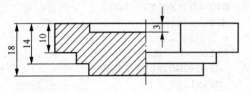

节点坐标：

A：X=-4.496，Y=18.666

B：X=-21.276，Y=-1.871

C：X=-4.614，Y=-18.413

D：X=0.000，Y=-20.000

E：X=0.000，Y=17.598

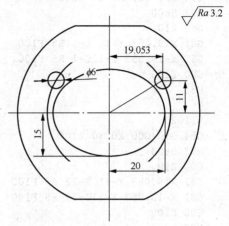

图 1-2-22 典型零件图

1. 所用刀具、量具（见表 1-2-3）

表 1-2-3　　　　　　　　　　所用刀具、量具列表

名　称	规　格
立铣刀	Φ10
中心钻	Φ3
钻头	Φ6
游标卡尺	
压板、台虎钳	

2. 数控加工工序

（1）加工毛坯：要求 φ65 棒料

（2）建立工件坐标系，工件中心

（3）刀具补偿值为 5mm

（4）φ10 立铣刀加工椭圆

（5）φ3 加工中心孔

（6）φ6 加工中心孔

（7）φ10 立铣刀加工方形凸台

（8）φ10 立铣刀加工心形

四、实训内容与步骤

1. 华中系统程序

```
%1101
G54 G90 G00 X0 Y0 Z100
M03 S600
G00 Z10
G81 X19.053 Y-11 Z-1 R5 F100
G81 X-19.053 Y-11Z-1 R5 F100
G00 Z100
M30
%
%1102
G54 G90 G00 X0 Y0 Z100
M03 S600
G00 Z10
G81 X19.053 Y-11 Z-22 R5 F100
G81 X-19.053 Y-11Z-22 R5 F100
G00 Z100
M30
%
%1103
#1=20
#2=15
#8=1
S1000M03
G54G90G00G40X0Y0Z30
G41D01G01X0Y#2F1000
Z-3F300
#7=90
#7=#7+#8
WHILE#7GE460
#5=#1*COS[#7*PI/180]
#6=#2*SIN[#7*PI/180]
X#5Y#6F600
#7=#7+#8
ENDW
G00Z30
G40X0Y0
```

```
M05
M30
%
%1104      铣方形
G54 G90 G00 X0 Y0 Z100
M03 S1200
G00 G42 X25 Y13 Z5 D01
G01 Z-8 F150
G03 X13 Y25 R12
G01 X-13
G03 X-25 Y13 R12
G01 Y-13
G03 X-12 Y-25 R12
G01 X13
G03 X25Y-13 R12
G01 Y13
Z5
G40 G00 X0 Y0 Z100
M30
%
%1105      铣心
G54G90G00X0Y0 Z100
M03S1200
G00X-4.496Y18.666Z5 G42D01
G01 Z-4 F200
G03X-21.276Y1.871R12.5
G03X-4.614Y-18.413 R60
G03 X4.614 R7.5
G03X21.276 Y1.871 R60
G03X4.496Y18.666 R12.5
G02 X-4.496 R10
G01 Z5
G40 G00 X0 Y0 Z100
M30
%
```

2. SIEMENS 系统程序

```
123
G54 G90 G00 X0 Y0 Z100
M03 S600
G00 Z10
CYCLE82  (5, 0, 5, -1, 1, 0.1 )
CYCLE82  (5, 0, 5, -1, 1, 0.1 )
G00 Z100
M30
234
G54 G90 G00 X0 Y0 Z100
M03 S600
G00 Z10
```

```
CYCLE82  (5, 0, 5, -22, 22, 0.1 )
CYCLE82  (5, 0, 5, -22, 22, 0.1 )
G00 Z100
M30
345
G54 G90 G00 X45 Y0 Z100
M03 S1000
G00 Z5
G01 Z-3 F200
R1=0
AAA:
R2=30*COS(R1)
```

```
R3=10*SIN(R1)
G01 XR2 YR3 F200
R1=R1+1
IF R1<=360 GOTOB AAA
G01 Z5
G00 X0 Y0 Z100
M30
   456        铣方形
G54 G90 G00 X0 Y0 Z100
M03 S1200
G00 G42 X25 Y13 Z5 D01
G01 Z-8 F150
G03 X13 Y25 CR=12
G01 X-13
G03 X-25 Y13 CR=12
G01 Y-13
G03 X-12 Y-25 CR=12
G01 X13
G03 X25Y-13 CR=12
```

```
G01 Y13
Z5
G40 G00 X0 Y0 Z100
M30
%
567        铣心
G54 G90 G00 X0 Y0 Z100
M03S1200
G00 X-4.496 Y18.666 Z5 G42D01
G01 Z-4 F200
G03 X-21.276 Y1.871 CR=12.5
G03 X-4.614 Y-18.413 CR=60
G03 X4.614 CR=7.5
G03 X21.276 Y1.871 CR=60
G03 X4.496 Y18.666 CR=12.5
G02 X-4.496 CR=10
G01 Z5
G40 G00 X0 Y0 Z100
M30
```

五、实训练习

学生练习：上述零件程序的编制与加工。

第三节　三菱系统数控车削加工

项目一　机床基本操作

一、实训目的

1. 了解三菱数控车床的基本结构和功能。

2. 掌握三菱数控车床的基本操作。

二、实训设备

三菱数控系统 CK6140A 数控车床

三、相关知识

1. 系统介绍

MELDAS 60 系列控制系统为三菱最新开发的数控系列产品，该产品采用了 64 位 CPU、64 位 RISC 控制器与超大规模集成电路，部分 NC 指令的执行时间仅为 M50 系列产品的 1/8，PLC 的指令执行时间为 M50 系列产品的 1/5，整体性能比 M50 有了大幅度的提升。

MELDAS 60 系列产品可分为 M64/M65/M66 等不同的规格，最大控制轴数为 6 轴+2 主轴，可 6 轴联动。伺服、主轴、I/O 装置间采用 RS422 总线连接，当需要时还可实现最多 4 台 CNC 间的数据通信，以适应柔性生产线的控制要求。

2. 基本要求

① 工作时请穿好工作服、安全鞋，戴好工作帽及防护镜。注意：严禁戴手套操作机床。

② 注意不要移动或损坏安装在机床上的警告标牌。

③ 注意不要在机床周围放置障碍物，工作空间应足够大。

④ 某一项工作如需要俩人或多人共同完成时，应注意相互间的协调一致。

⑤ 不允许采用压缩空气清洗机床、电气柜及 NC 单元。

3. 工作前的准备工作

① 机床工作开始前要有预热，认真检查润滑系统工作是否正常，如机床长时间未开动，可先采用手动方式向各部分供油润滑。

② 使用的刀具应与机床允许的规格相符，有严重破损的刀具要及时更换。

③ 调整刀具所用工具不要遗忘在机床内。

④ 检查轴类零件的中心孔是否合适，中心孔如太小，工作中易发生危险。

⑤ 刀具安装好后应进行一次试切削。

⑥ 检查卡盘夹紧工作的状态。

⑦ 机床开动前，必须关好机床防护门。

4. 工作过程中的安全注意事项

① 禁止用手接触刀尖和铁屑，铁屑必须要用铁钩子或毛刷来清理。

② 禁止用手或其他任何方式接触正在旋转的主轴、工件或其他运动部位。

③ 禁止加工过程中测量工件，更不能用棉纱擦拭工件，也不能清扫机床。

④ 车床运转中，操作者不得离开岗位，机床发现异常现象立即停车。

⑤ 经常检查轴承温度，过高时应找有关人员进行检查。

⑥ 在加工过程中，不允许打开机床防护门。

⑦ 严格遵守岗位责任制，机床由专人使用，他人使用须经本人同意。

⑧ 工件伸出车床外时，须在伸出位置设防护物。

⑨ 学生必须在操作步骤完全清楚时进行操作，遇到问题立即向教师询问，禁止在不知道规程的情况下进行尝试性操作，操作中如机床出现异常，必须立即向指导教师报告。

⑩ 手动原点回归时，注意机床各轴位置要距离原点 100mm 以上，机床原点回归顺序为：首先+X轴，其次+Z轴。

⑪ 使用手轮或快速移动方式移动各轴位置时，一定要看清机床 X、Z 轴各方向"＋、－"号标牌后再移动，移动时先慢转手轮观察机床移动方向无误后方可加快移动速度。

⑫ 学生编完程序或将程序输入机床后，须先进行图形模拟，准确无误后再进行机床试运行，并且刀具应离开工件端面 200 mm 以上。

⑬ 程序运行注意事项：

a. 对刀应准确无误，刀具补偿号应与程序调用刀具号符合；

b. 检查机床各功能按键的位置是否正确；

c. 光标要放在主程序头；

d. 浇注适量冷却液；

e. 站立位置应合适，启动程序时，右手作按停止按钮准备，程序在运行当中手不能离开停止按钮，如有紧急情况立即按下停止按钮。

⑭ 加工过程中认真观察切削及冷却状况，确保机床、刀具的正常运行及工件的质量。

⑮ 关闭防护门以免铁屑、润滑油飞出。

⑯ 在程序运行中须暂停测量工件尺寸时，要待机床完全停止、主轴停转后方可进行测量，以免发生人身事故。

⑰ 关机时，要等主轴停转 3min 后方可关机，未经许可，禁止打开电器箱。

⑱ 各手动润滑点必须按说明书要求润滑。

⑲ 切削液要定期更换，一般 1～2 个月更换一次。

⑳ 机床若数天不使用，则每隔一天应对 NC 及 CRT 部分通电 2～3h。

5. 工作完成后的注意事项

①清除切屑、擦拭机床，使机床与环境保持清洁状态。

②检查润滑油、冷却液的状态，及时添加或更换。

③依次关掉机床操作面板上的电源和总电源。

四、实训内容与步骤

1. 基本操作步骤

（1）在相对坐标的画面上，进行如下操作

① CRT 画面的完全清除。

② 原始设定。各轴目前的相对值的数据可设定为 0。

③ 手动数据指令。M、S、T 等的辅助功能输出可通过 CRT 画面设定。

（2）建立机械坐标系——回零操作（回参考点）

机床开机后，首要进行的就是机械回零操作。以下为回零操作顺序。

① 按菜单下的"坐标"按钮，使页面显示机械坐标值。

② 把操作选择开关打到"连续进给"，分别用手按下-Z、-X 使机械坐标值变为负值（注意不要超程），初学者建议用手轮方式。

③ 再把操作选择开关打到"机械回零"。

④ 按+Z、+X 按钮机械坐标归零，当两机械坐标值为零时回零完成。

（3）启动（停止）主轴

启动主轴有以下两种方式。

① 在 MDI 方式下，找到相对坐标页面输入 S300、M03，按"INPUT"键，主轴正转；输入 M04 主轴反转。主轴启动后若再输入 M05 或按"RESET"复位键主轴停止。

② 在手动或手轮方式下，按操作面板上的"主轴正转"按钮、"主轴反转"按钮，主轴分别为正转、反转。按"主轴停止"按钮主轴则停止。（注意：在主轴正反转之间要用"主轴停止"按钮切换）。

③ 注意：用第 2 种方式之前一定要先用第 1 种方式驱动。

（4）呼叫程序

在任意操作方式下找到相对坐标页面，按"呼叫"菜单。在地址括号中输入程序名按"INPUT"键，所需程序即被呼叫在当前页。

（5）创建新程序

按"EDIT/MDI"键后再按菜单键"编辑"，选择程序菜单，显示程序设定区域，在括号中输入程序名（可同时设定注解），按下"INPUT"键，程序被登入在记忆内，并显示在画面上。此时仅有一个"%"作为程序内容，它为程序结束符号。然后依次输入加工程序。

（6）删除程序

通过此操作可将登入在内存中的用户加工程序删除。按"DIAGN"按钮，一直按"菜单切换"键找到"删除"子菜单，按"删除"键，页面显示"程序删除"画面，此时根据所要删除的程序编号，到页面中查找并输入程序名，按"INPUT"键，程序即被从内存中删除。

（7）编辑程序

① 当输入字母键或符号键上的下半部分的字母或符号时，先按下"SHIFT"键再按下相

应的键。

② 删除字符时只要把光标移到所要删除字符位置，按"DELETE"键，字符即被删除。

③ 在②基础上若不按"DELETE"键，而是按其他字符键，则光标处字符被所输入字符替代。

④ 整行删除：把光标移到所要删除程序行，按"CB/CAN"键，此行即被删除。

2. 对刀步骤

刀具长度补偿测量：使用默认即与机械零点重合的对刀参考点对刀方法如下。

① 在建立测量参考点后，按软键盘上的"MONITOR"键→按屏幕下方的"相对值"→按"S"键，输入300→按"INPUT/CALC"键→按"T"键，输入1→按"INPUT/CALC"键，切换所选定的刀具。

② 按软键盘上的"TOOL/PARAM"键→按屏幕下方的"刀长"，进入刀具数据画面→在 #（　）中输入1。

③ 选择方式为手轮方式，启动主轴移动刀具对工件外圆进行切削→不要移动刀具，按"X"键→记录下此时右上角的 X 轴机械坐标值→移动刀具对工件端面进行切削→不要移动刀具，按"Z"键→记录下此时右上角的 Z 轴机械坐标值→退出刀具，停止主轴→测量工件外圆，测量工件端面到测量参考点 Z 轴方向的长度→将前面记录下的 X、Z 轴机械坐标值分别输入到X（　）Z（　）中→按"INPUT/CALC"键。数据自动计算后自动输入到1号刀具补偿。

④ 按软键盘上的"MONITOR"键→按屏幕下方的"相对值"→按"T"键，输入2→按"INPUT/CALC"键，切换所选定的刀具。按软键盘上的"TOOL/PARAM"键→按屏幕下方的"刀长"，进入刀具数据画面→在 #（　）中输入2，选择方式为手轮方式，启动主轴移动刀具对工件外圆进行极轻微切削→不要移动刀具，按"X"键→移动刀具对工件端面进行极轻微切削→不要移动刀具，按"Z"键→退出刀具，停止主轴→将前面（2）步骤记录下的 X、Z 轴机械坐标值分别输入到X（　）Z（　）中→按"INPUT/CALC"键。数据自动计算后自动输入到2号刀具补偿。

⑤ 其他刀具依次按上述方法操作。

五、实训练习

练习本堂课所介绍的基本操作。

项目二　简单轮廓加工

一、实训目的

掌握简单轴类零件的加工方法。

二、实训设备

三菱数控系统 CK6140A 数控车床及相关刀具。

三、相关知识

1. 安装车刀应遵循的原则

① 车刀不能伸出刀架太长，应尽可能伸出得短些。因为车刀伸出过长，刀杆刚性相对减弱，切削时在切削力的作用下，容易产生振动，使车出的工件表面不光洁。一般车刀伸出的长度不超过刀杆的 1.5 倍。

② 车刀刀尖的高低应对准工件的中心。车刀安装得过高或过低都会引起车刀角度的变化

而影响切削。根据经验，粗车外圆时，可将车刀装得比工件中心稍高一些；精车外圆时，可将车刀装得比工件稍低一些。这要根据工件直径的大小来决定，无论装高或装低，一般不能超过工件直径的1%。

③ 装车刀用的垫片要平整，尽可能减少片数，一般只用2或3片。如垫刀片的片数太多或不平整，会使车刀产生振动，影响切削质量。

④ 车刀装上后，要紧固刀架螺钉，一般要紧固两个螺钉。紧固时，应轮换逐个拧紧。同时要注意，一定要使用专业扳手，不允许再加套管，以免使螺钉受力过大而损伤。

2. 对刀方法及步骤

刀具长度补偿测量：使用默认的即与机械零点重合的对刀参考点对刀方法。

① 在建立测量参考点后，按软键盘上的"MONITOR"键→按屏幕下方的"相对值"→按"S"键，输入300→按"INPUT/CALC"键→按"T"键，输入1→按"INPUT/CALC"键，切换所选定的刀具。

② 按软键盘上的"TOOL/PARAM"键→按屏幕下方的"刀长"，进入刀具数据画面→在#（　）中输入1。

③ 选择方式为手轮方式，启动主轴移动刀具对工件外圆进行切削→不要移动刀具，按"X"键→记录下此时右上角的 X 轴机械坐标值→移动刀具对工件端面进行切削→不要移动刀具，按"Z"键→记录下此时右上角的 Z 轴机械坐标值→退出刀具，停止主轴→测量工件外圆，测量工件端面到测量参考点 Z 轴方向的长度→将前面记录下的 X、Z 轴机械坐标值分别输入到X（　）Z（　）中→按"INPUT/CALC"键。数据自动计算后自动输入到1号刀具补偿。

④ 按软键盘上的"MONITOR"键→按屏幕下方的"相对值"→按"T"键，输入2→按"INPUT/CALC"键，切换所选定的刀具。按软键盘上的"TOOL/PARAM"键→按屏幕下方的"刀长"进入刀具数据画面→在#（　）中输入2，选择方式为手轮方式，启动主轴移动刀具对工件外圆进行极轻微切削→不要移动刀具，按"X"键→移动刀具对工件端面进行极轻微切削→不要移动刀具，按"Z"键→退出刀具，停止主轴→将前面（2）步骤记录下的 X、Z 轴机械坐标值分别输入到X（　）Z（　）中→按"INPUT/CALC"键。数据自动计算后自动输入到2号刀具补偿。

⑤ 其他刀具依次按上述方法操作。

四、实训内容与步骤

1. 根据零件图样要求、毛坯情况，确定工艺方案及加工路线

对短轴类零件，轴心线为工艺基准，用三爪自定心卡盘夹持 ϕ45 外圆，使工件伸出卡盘80 mm，一次装夹完成粗精加工，如图1-3-1所示。

① 确定工步顺序。

a. 粗车端面及 ϕ40 mm外圆，留1 mm精车余量。

b. 精车 ϕ40 mm外圆到尺寸。

② 选择机床设备。根据零件图样要求，选用经济型数控车床即可达到要求，故选用 CK6140A 型数控卧式车床。

③ 选择刀具，根据加工要求，选用两把刀具，T01 为90°粗车刀，T03 为90°精车刀。同时把两把

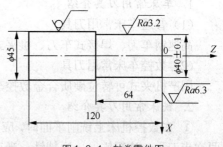

图1-3-1　轴类零件图

刀在自动换刀刀架上安装好，且都对好刀，把它们的刀偏值输入相应的刀具参数中。

④ 确定切削用量。切削用量的具体数值应根据该机床性能、相关的手册并结合实际经验确定，详见加工程序。

⑤ 确定工件坐标系、对刀点和换刀点。确定以工件右端面与轴心线的交点 O 为工件原点，建立 XOZ 工件坐标系，如图 1-3-1 所示。采用手动试切对刀方法（操作与前面介绍的数控车床对刀方法基本相同）把点 O 作为对刀点。换刀点设置在工件坐标系下 $X55$、$Z20$ 处。

2. 编写程序(以 CK6140A 车床为例)

按该机床规定的指令代码和程序段格式，把加工零件的全部工艺过程编写成程序清单。该工件的加工程序如下。

```
N0010 G00 X100 Z100 ;
N0020 T0101；取 1 号 90°偏刀，粗车
N0030 G00 X55 Z20  ；设置换刀点
N0040 M03 S600 ;
N0050 G00 X46 Z0 ;
N0060 G01 X0 Z0 ;
N0070 G00 X0 Z1 ;
N0080 G00 X41 Z1 ;
N0090 G01 X41 Z-64 F80 ；粗车ϕ40 mm外圆，留 1 mm精车余量
N0100 G28  ;
N0110 G29  ；回换刀点
N0120 M06 T03  ；取 3 号 90°偏刀，精车
N0130 G00 X40 Z1 ;
N0140 M03 S1000 ;
N0150 G01 X40 Z-64 F40  ；精车ϕ40 mm外圆到尺寸
N0160 G00 X55 Z20 ;
N0170 M05 ;
N0180 M30;
```

五、实训练习

练习对刀加工。

项目三 复合零件加工

一、实训目的

掌握较复杂轴类零件的加工方法。

二、实训设备

三菱数控系统 CK6140A 数控车床及相关刀具。

三、相关知识

1. 车床常用刀具介绍

（1）普通车床常用刀具

高速钢车刀、焊接式车刀、机夹式可转位硬质合金车刀。

（2）数控车床常用刀具

国产机夹式可转位硬质合金数控车刀、山特维克硬质合金车刀。

2. 铣床常用刀具介绍

① 在数控机床上铣削平面时，应采用镶装不重磨可转位硬质合金刀片的铣刀。一般采用两次走刀，一次粗铣，一次精铣。当连续切削时，粗铣刀具直径要小一些，精铣时刀具直径

要大些，最好能包容待加工面的整个宽度。加工余量大且加工面又不均匀时，刀具直径要选得小些，否则当粗加工时会因接刀刀痕过深而影响精加工质量。

② 加工余量较小，并且要求表面粗糙度较低时应采用镶立方氮化硼刀片的端铣刀或镶陶瓷刀片的端铣刀为宜。

③ 高速钢立铣刀最好不要用于加工毛坯面，因为毛坯表面有硬化层和夹砂现象，刀具很快会被磨损。高速钢立铣刀多用于加工凸台和凹槽。

④ 镶硬质合金的立铣刀可用于加工凹槽和窗口面、凸台面和毛坯表面。

⑤ 镶硬质合金的玉米铣刀可以进行强力切削，铣削毛坯表面和用于孔的粗加工。

四、实训内容与步骤

1. 按图 1-3-2 所要求制作工艺卡片（见表 1-3-1）

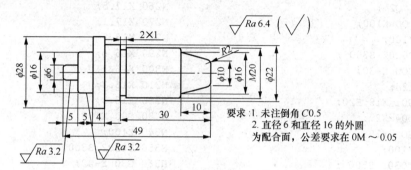

图 1-3-2 零件图

表 1-3-1　　　　　　　　　　　　　　　　工艺卡片

工步号	工步内容	刀具号	刀具名称	刀具规格	主轴转速	进给速度	程序号	备注
1	车外圆	01	外圆车刀	93°	500	50	O0001	
2	切退刀槽	02	切槽刀	2mm	300	20	O0001	
3	车螺纹	03	螺纹刀	60°	500		O0001	
4	切断	02	切槽刀	2mm	300	20	O0001	
5	掉头装夹							
6	车外圆	01	外圆车刀	93°	500	50	O0002	

2. 编程节点坐标（见图 1-3-3）

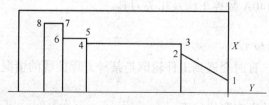

图 1-3-3 编程节点

各编程节点具体坐标如下。

1（10，0）　　2（16，-10）　　3（19.8，-10）　　4（19.8，-30）

5（22，-30）　　6（22，-35）　　7（28，-35）　　8（28，-42）

3. 程序编辑、录入、模拟

根据以上信息和加工要求编程如下。

```
O0001                              G01 Z0 F50 ;
N10 T0101 ;                        X10 ,R2 ;
N20 G00 X100 Z100 ;                X16 Z-10 ;
N30 M03 S500 ;                     X19.8 W0 ,C0.5 ;
N40 G00 X32 Z0 ;                   Z-30 ;
N50 G01 X-1 F50 ;                  X22 C0.5 ;
N60 G00 X32 Z2 ;                   W-5 ;
N70 G71 U1.2 R0.5 ;                X28 ;
N80 G71 P1 Q2 U0.5 W0.1 F60 ;      Z-42;
N1 G00 X0 ;                        N2 X32 ;
G70 P1 Q2 ;                        N260 X17.5;
N100 G00 X100;                     N270 X17.1;
N110 Z100;                         N280 X16.8;
N120 T0202 S300 ;                  N290 X16.6;
N130 G00 Z-30;                     N300 X16.4;
N140 X24;                          N310 X16.3;
N150 G01 X18 F20;                  N320 X16.3;
N160 G04 X2.;                      N330 G00 X100;
N170 G00 X100;                     N340 Z100;
N180 Z100;                         N350 T0202 S300;
N190 T0303 S500 ;                  N360 G00 Z-42;
N200 G00 Z-6 ;                     N370 X32;
N210 X22;                          N380 G01 X-1 F20 ;
N220 G90 X20 Z-28.5 F1.25;         N390 G00 X100;
N230 X19;                          N400 Z100;
N240 X18.4                         N410 T0101;
N250 X18;                          N420 M30;
```

五、实训练习

练习对刀加工。

项目四　宏程序加工

一、实训目的

掌握较常用轴类零件宏程序的加工方法。

二、实训设备

三菱数控系统 CK6140A 数控车床及相关刀具。

三、相关知识

1. 方程曲线的车削加工

在实际车削加工中，有时会遇到工件轮廓是某种方程曲线的情况，此时可采用宏程序完成方程曲线的加工。

方程曲线车削加工的走刀路线如下。

① 粗加工：根据毛坯的情况选用合理的走刀路线。

a. 对棒料、外圆切削，应采用类似 G71 的走刀路线。

b. 对盘料，应采用类似 G72 的走刀路线。

c. 对内孔加工，选用类似 G72 的走刀路线较好，此时镗刀杆可粗一些，易保证加工质量。

② 精加工：一般应采用仿形加工，即半精车、精车各一次。

2. 椭圆轮廓的加工

对椭圆轮廓，其方程有两种形式。对粗加工，采用 G71/G72 走刀方式时，用直角坐标方程比较方便；而精加工（仿形加工）用极坐标方程比较方便。

3. 抛物线加工

四、实训内容与步骤

椭圆轮廓的加工举例。

① 加工如图 1-3-4 所示椭圆轮廓，棒料 $\phi45$，编程零点放在工件右端面。

② 对椭圆轮廓，其方程有两种形式。对粗加工，采用 G71/G72 走刀方式时，用直角坐标方程比较方便；而精加工（仿形加工）用极坐标方程比较方便，如图 1-3-5 所示。

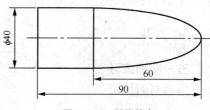

图 1-3-4 椭圆轮廓

图 1-3-5 椭圆加工方程

极坐标方程 $\begin{cases} x = 2a \cdot \sin\theta \\ z = b \cdot \cos\theta \end{cases}$

a—X 向椭圆半轴长
b—Z 向椭圆半轴长
θ—椭圆上某点的圆心角，零角度在 Z 轴正向

直角坐标方程：

$$\frac{x^2}{4a^2} + \frac{z^2}{b^2} = 1$$

$$z = b \cdot \sqrt{1 - \frac{x^2}{4a^2}}$$

③ 图 1-3-4 所示椭圆轮廓加工参考程序如下。

```
%200
G50 X100 Z200;
T0101;
G95 G0 X41 Z2 M03 S800;
G1 Z-100 F0.3;              粗加工开始
G0 X42;
Z2;
#1=20*20*4; 4a²
#2=60; b
#3=35                      X 初值(直径值)
WHILE[ #3 GE 0] DO1;       粗加工控制
#4=#2*SQRT[1-#3*#3/#1];        Z
G0 X[#3+1] ;               进刀
G1 Z[#4-60+0.2] F0.3;      切削
G0 U1;                     退刀
Z2;                        返回
#3=#3-7;                   下一刀切削直径
END1;
#10=0.8;                   X 向精加工余量
#11=0.1;                   Z 向精加工余量
WHILE[ #10 LE 0] DO1;      半精、精加工控制
G0 X0 S1500;               进刀，准备精加工
#20=0                      角度初值
WHILE [#20 LE 90] DO2;     曲线加工
#3=2*20*SIN[#20]; X
#4=60*COS[#20]; Z
G1 X[#3+#10] Z[#4+#11] F0.1;
```

```
#20=#20+1;
END2;
G1 Z-100;
G0 X45 Z2;
#10=#10-0.8;
#11=#11-0.1;
END1;
G0 X100 Z200 T0100;
M30;
```

五、实训练习

练习对刀加工。

项目五　典型零件加工（选修）

一、实训目的

掌握较常用轴类零件的加工方法。

二、实训设备

三菱数控系统 CK6140A 数控车床及相关刀具。

三、相关知识

数控车床主要用于加工轴类、盘类等回转体零件。通过数控加工程序的运行，可自动完成内外圆柱面、圆锥面、成形表面、螺纹、端面等工序的切削加工，还可以进行车槽、钻孔、扩孔、铰孔等工作。车削中心可在一次装夹中完成更多的加工工序，提高了加工精度和生产效率，特别适合于复杂形状回转类零件的加工。车铣中心的功能更是进一步完善，能完成形状更复杂的回转类零件的加工。

四、实训内容与步骤

1. 实例加工条件

编制如图 1-3-6 所示零件的加工程序。

毛坯尺寸	Ø22 X 95	工件材料	LY12
刀具材料	W18Cr4V	机　床	CK6140A 三菱数控车床

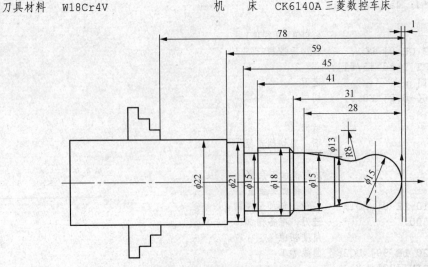

图 1-3-6　典型零件图

2. 零件图

3. 制定加工工艺

（1）零件图工艺分析

该零件表面由圆柱、圆锥、顺圆弧、逆圆弧及普通三角形单线螺纹等表面组成。轮廓描述清楚，尺寸标注完整。

（2）确定装夹方案及工序内容

① 装夹方案：该工件采用左端用三爪自定心卡盘定心夹紧。

② 工序内容如下。

车端面；

粗车外轮廓；

切槽；

精车外轮廓；

车螺纹。

③ 确定加工顺序。

按由粗到精、由近到远（由右到左）的原则确定，即从右到左进行粗车（留精车余量）然后从右到左进行精车，最后车螺纹。

4. 正确选用刀具

① 平端面及粗精车轮廓选用 93° 右偏刀，为防止副后刀面与工件轮廓干涉，副偏角取 35°。

② 切槽和切断用切刀，刀头宽 4mm，刀头部分长 13mm。

③ 车外螺纹加工选用 60° 外螺纹车刀。

5. 确定刀具进给路线

① 自右向左粗车各面：

a. 车端面；

b. 车外圆至 ϕ18.3，长 44.7；

c. 车外圆至 ϕ16.3，长 30.7；

d. 车 ϕ15 球头余量，留 0.5mm 精车余量；

e. 车锥面；

f. 车 $R8$ 凹球面，留 0.5mm 精车余量。

② 从右到左精车轮廓。

③ 切槽。

④ 车螺纹。

⑤ 粗车轮廓进给路线。

a. 车端面。

b. 车外圆至 ϕ18.3，长 44.7。

c. 车外圆至 ϕ16.3，长 30.7。

d. 车 ϕ15 球头余量，留 0.5mm 精车余量。

e. 车锥面。

f. 车 $R8$ 凹球面，留 0.5mm 精车余量。

6. 确定切削用量

粗车外轮廓　　　　　　S=450，ap=1，F=0.2

精车外轮廓　　　　　　S=600，ap=0.25，F=0.1

切　　槽　　　　$S=500$，$ap=4$（刀头宽），$F=0.08$
车　螺　纹　　　$S=720$，$ap=0.975$，$F=1$

7. 数控车加工工序卡（见表1-3-2）

表1-3-2　　　　　　　　　　　典型零件数控车加工工序卡

单位 名称	工程训练 中心	产品名称或代号		零件名称	零件图号	
		SCYJ--01		典型轴	01	
工序号	程序编号	夹具		设备	车间	
001	O0001	三爪卡盘		CK6140A	数控实训中心	
工步号	工步内容	刀具		切削用量		
		刀具号	刀具规格 mm	主轴转速 r/min	进给量 mm/r	被吃刀量 mm
1	平端面	T0101	20	450	0.2	1
2	粗车外轮郭	T0101	20	450	0.2	1
3	精车外轮廓	T0101	20	600	0.1	0.3
4	切槽	T0303	14	600	0.08	4
5	车螺纹	T0202	14	720	1.5	0.975
6	切断	T0303	14	500	0.08	4

8. 建立工件坐标系

该零件工件坐标系原点建立在工件右端凸圆弧顶点位置。

9. 参考程序

```
O1227
N10   T0101 ;                        换右偏刀
N20   G00 X100. Z100. ;              设置换刀点
N30   M03 S450 ;                     主轴以450转速正转
N40   G00 X24. Z3. ;                 快速进刀至接近点
N50   G94 X0 Z0 F0.2 ;               端面车削循环
N60   G90 X20. Z-44.7 F0.2 ;         粗车外径固定循环
N70   X18.3 ;                        粗车外径固定循环
N80   G00 X19. Z1. ;                 定位至接近点
N90   G90 X15.3-30.7 F 0.2 ;         粗车外径固定循环
N100  G00X14. Z0.2 ;                 进刀，准备粗车球头余量
N110  G01 X16. Z-7.5 F0.2 ;          第一次车锥面（粗车球头余量）
N120  G00 Z0.2 ;                     退刀
N130  X12. ;                         进刀
N140  G01 X16. Z-7.5 ;               第二次车锥面
N150  G00 Z0.2 ;                     退刀
N160  X10. ;                         进刀
N170  G01 X16. Z-7.5 ;               第三次车锥面
N180  G00 Z0.2 ;                     退刀
N190  X8. ;                          进刀
N200  G01 X16. Z-7.5 ;               第三次车锥面
N210  G00 Z0.2 ;                     退刀
N220  S600 ;                         进刀
```

N230	X1.;	第四次车锥面
N240	G01 Z0 F0.2 ;	进刀至圆弧起点,留0.5mm余量
N250	G03 X14. Z-11.24 R7.5 F0.1;	半精车球头
N260	G01 Z-19.22;	车ϕ14外圆
N270	X16. Z-28. ;	车中部锥面余量
N280	G00 Z-11.24 ;	退刀
N290	G01 X14.F0.2 ;	进刀
N300	G02 X14. Z-19.22 R8. F0.2 ;	车凹圆弧球面,留0.5mm余量
N310	G00 X24.;	
N320	Z1.;	退至精车接近点
N330	X0;	进刀
N340	G01 Z0 F0.2 ;	进刀至Op点,准备精车
N350	G03 X13. Z-11.24 R7.5 F0.1 ;	车球头
N360	G02 X13. Z-19.22 R8.;	车R8凹圆弧
N370	G01 X15. Z-28.;	精车锥面
N380	Z-31. ;	车ϕ15外圆
N390	X15.85 ;	车台阶面
N400	X17.85 Z-32. ;	倒角
N410	Z-45. ;	车螺纹外径ϕ17.85
N420	X21. ;	车台阶面
N430	Z-55. ;	车ϕ21外圆
N440	X23.;	X向退刀
N450	G00 X100. Z100.;	快速返回换刀点
N460	M03 S400 ;	调转速至400r/min
N470	T0303 ;	换切槽刀
N480	G00 X24. Z-45. ;	快速定位至准备切槽接近点
N490	G01 X15. F0.08 ;	切槽
N500	G04 X2 ;	切至槽底暂停2s
N510	X23. F0.3;	X向退刀
N520	G00 X100. ;	返回换刀点
N530	Z100. ;	
N540	T0202;	更换螺纹车刀
N550	S720 ;	调转速至720r/min
N560	G00 X19.0 Z-28. ;	快速定位至螺纹循环加工起点
N570	G92 X17.85 Z-43. F1.5 ;	第一次螺纹车削固定循环
N580	X16.8 ;	第二次螺纹车削固定循环
N590	X16.5 ;	第三次螺纹车削固定循环
N600	X16.2 ;	第四次螺纹车削固定循环
N610	X16.05 ;	第五次螺纹车削固定循环
N620	X16.05 ;	第六次螺纹车削固定循环(精车)
N630	G00 X100. Z100.;	返回换刀点
N640	S500 ;	调转速为500r/min
N650	T0303 ;	换切刀
N660	G00 X24. Z-54.;	进刀至接近点
N670	G01 X-0.5 F0.08 ;	切断
N680	G04 X2;	暂停2s
N690	G01 X24. F0.3 ;	X向退刀
N700	G00 X100.;	快速返回换刀点
N710	Z100.;	
N720	M05;	主轴停转
N730	M30 ;	程序结束并返回开始

五、实训练习

练习对刀加工。

第四节　FANUC、广数系统数控车削加工

项目一　机床基本操作

一、实训目的

1. 了解 FANUC 0imate-TD、广数 GSK980TA 系统数控车床的基本结构和功能。
2. 掌握 FANUC 0imate-TD、广数 GSK980TA 系统数控车床的基本操作。

二、实训设备

FANUC 0imate-TD、广数 GSK980TA 系统数控车床 CK6140A 数控车床。

三、相关知识

系统介绍

FANUC 公司是全球最大、最著名的 CNC 生产厂家,其产品以高可靠性著称,其技术居世界领先地位。FANUC 0i-Mate TD 数控系统是具有纳米插补的高可靠性、高性能价格比的 CNC,最多可同时控制 3 个轴,1 个主轴。8.4 英寸彩色液晶显示屏,方便存储卡的编辑操作,强有力支持系统初始化设定,可以很方便地选择各种设定和调整画面。初始化参数设定操作更加简单,安全的加工程序检查功能,高性价比的一体型的伺服放大器。

GSK980TA 是中国自主研发的普及型车床数控系统。作为经济型数控系统的升级换代产品,GSK980TA 具有 16 位 CPU、应用 CPLD 完成硬件插补,实现高速微米级控制;液晶(LCD)中文显示,界面友好、操作方便;加减速可调,可配套步进驱动器或伺服驱动器;可变电子齿轮比,应用方便。它和 FANUC 0imate-TD 系统极其相似,所以本节把两个系统放在一起介绍,因此本节基本操作知识以 FANUC 0imate-TD 为例详细介绍,而对刀加工则以广数 GSK980TA 作为典型详细介绍。

基本要求、工作前的准备工作、工作过程中的安全注意事项与本章第三节项目一相同,在此不作详述。

四、实训内容与步骤

1. **车床的基本操作（以 FANUC 0imate-TD 为例）**

（1）开机

① 电源启动前。

a. 观察机床外观是否有异常。

b. 看工作台鞍座及头部移动范围是否有障碍物。

c. 检查润滑油的油量、切削液量以及气压压力的大小。

d. 在确保电柜门关闭良好及电柜门侧边钥匙处于正常位置情况下,可以安全地合上空气开关(操作面板上急停红色按钮已压下)。

② 电源启动后。

a. 接通机床电源后,按下机床操作面板上的"机床复位"键,系统自检后 CRT 上出现位置,"准备好"指示灯亮(在出现位置显示画面之前,请不要接触 CRT/MDI 操作面板,以免引起意外)。

b．显示屏画面显示正常后，方可打开红色的急停按钮。

c．检查机床各部件是否发出异常声音、异常震动、是否发热。

d．检查机床驱动电机和排风扇运转是否正常后开机结束。

（2）机床回零

① 进入 JOG 工作方式，按住各轴的负方向键使 X、Z 两轴机械坐标值达到-80mm 以上。

② 进入回零工作方式，逐一按住各轴的正方向键。

③ X、Z 两轴机械坐标值变为 0，同时两轴的回零指示灯亮起，则机床回零完成。

（3）JOG 工作方式

① 按 JOG 键，选择 JOG 工作方式。

② 选择手动进给的速度。

③ 按坐标轴方向键，刀架会按相应的坐标轴方向移动。

（4）手轮工作方式

① 按动"手轮"键，进入手轮方式。

② 通过手轮上的坐标轴选择旋钮选择所要移动的轴。

③ 通过操作面板上的手轮倍率旋钮×1、×10、×100，选择手轮倍率。

④ 转动一格坐标轴移动 1μm，×10 表示移动 10μm，×100 表示移动 100μm。

（5）MDI 工作方式

MDI 工作方式又称手动数据输入方式，主要用来输入和执行一些简单程序（注意 MDI 程序一般不超过 4 条）。具体操作步骤如下。

① 选择 MDI 键，进入 MDI 工作方式。

② 按系统界面上的"programe"键，进入程序画面。

③ 输入简单程序如：M03 S500，再按下插入键。

④ 按下循环启动键，执行以上程序指令。

（6）建立新程序

先进入编辑方式（按 EDIT 键），再按系统面板上的"程序"键，然后输入程序名，按下"inster"键即可。

（7）打开程序

先进入编辑方式，再按系统面板上的"程序"键，接着按下[列表+]软键进入程序目录，然后输入所要选择的程序名，最后按下方向键即可。

（8）修改程序

打开程序后，通过方向键把光标移动到要修改的地方，利用删除键删除程序指令，然后输入新的程序指令，按下插入键即可。

（9）删除程序

进入编辑方式，输入所要删除的程序名，按下删除键即可。

（10）程序模拟

① 在编辑方式下调出所需程序。

② 把光标移到程序最前面。

③ 选择自动方式。

④ 锁机床、空运行。

⑤ 选择运行轨迹界面。

⑥ 按"循环启动"开始模拟程序。

（11）关机

先按下急停开关，关闭 CNC，再关闭总电源。

2. 车床对刀加工（以广数 GSK980TA 系统为例）

（1）对 1 号刀（把一号刀设为基准刀）操作步骤如下。

先回零→远离工件换外圆刀[程序]→录入方式→T0100→按[输入]键→再按[循环启动]键。

对 Z 轴：[手动]方式→车 Z 轴端面，X 轴方向退出，Z 方向不变→[录入]方式→G50[输入]键→Z0.0[输入]键→再按[循环启动]键。

对 X 轴：[手动]方式→车 X 轴端面，Z 轴方向退出，X 方向不变，移动到安全位置，停主轴，测量外径→[录入]→G50[输入]键→X 外径值[输入]键→再按[循环启动]键。

（2）对 2 号刀：[程序]→[录入]→T0200→按[输入]键→再按[循环启动]键。

对 Z 轴：[手动]方式→刀尖碰 Z 轴端面，碰到即停→[刀补]→[录入]→光标移至 102 处→输入 Z0.0，按[输入]键。

对 X 轴：[手动]方式→刀尖碰 X 轴端面，碰到即停→[刀补]→[录入]→光标移至 102 处→输入 X 轴外径值，按[输入]键。

（3）对 3、4 号刀的过程与 2 号刀相同，只是要把光标移至 103、104 处。

（4）检查对刀是否正确：[程序]→[录入]→T0202→按[输入]键→再按[循环启动]键→输入 X30，Z0.0→按[输入]键→再按[循环启动]键 。

注意：

① 在对 2、3、4 号刀时，输入值要加小数点，如测量 X 外径是 28，但输入时要输入 28.0，否则对刀失败。

② 对螺纹刀时，先对 X 轴，再将 Z 轴退出，向 X 轴进 1 个丝，再对 Z 轴，这样对刀较准确。

③ 对刀后不能使用手动换刀键，否则对刀失败，刀补被清除。

五、实训练习

练习基本操作。

项目二　简单轮廓加工

一、实训目的

掌握简单轴类零件的加工方法。

二、实训设备

FANUC 0imate-TD、广数 GSK980TA 系统数控车床及相关刀具。

三、相关知识

1. 零件加工步骤

（1）分析零件图样。

（2）确定加工工艺路线。

（3）计算轮廓节点。

（4）编写零件加工程序。

（5）在 CNC 中输入程序。

（6）模拟加工程序。

（7）工件装夹、刀具装夹。

（8）建立工件坐标系。

（9）自动加工零件。

2. 零件的装夹

在零件加工之前需要把预备好的工件按要求装夹在三爪卡盘上。

（1）工件伸出三爪卡盘的长度须比加工的零件长度长出 15mm 左右。

（2）工件装夹在三爪卡盘上必须夹紧，以防止工件径向跳动无法进行加工。

当工作程序经编辑存入 CNC 中，并且经检验程序无编辑错误和语法错误时，关闭空运行开关和机床锁住开关，按循环启动开关，同时按下检测软键 CHECK，开始程序自动运行。

四、实训内容与步骤

1. 零件图

待车削零件如图 1-4-1 所示，材料为 45 号钢，其中 ϕ85 圆柱面不加工。在数控车床上需要进行的工序为：切削 ϕ80mm 和 ϕ62mm 外圆，R70mm 弧面、锥面、退刀槽、螺纹及倒角。要求分析工艺过程与工艺路线，编写加工程序。

2. 零件加工工艺分析

（1）设定工件坐标系

按基准重合原则，将工件坐标系的原点设定在零件右端面与回转轴线的交点上，如图 1-4-1 中 Op 点，并通过 G50 指令设定换刀点相对工件坐标系原点 Op 的坐标位置（200，100）。

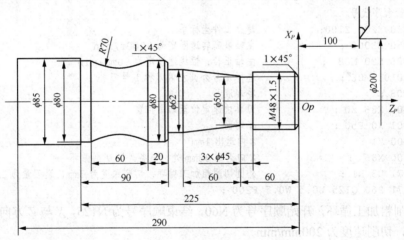

图 1-4-1 简单零件图

（2）选择刀具

根据零件图的加工要求，需要加工零件的端面、圆柱面、圆锥面、圆弧面、倒角以及切割螺纹退刀槽和螺纹，共需用三把刀具。

1 号刀，外圆左偏刀，刀具型号为：CL-MTGNR-2020/R/1608 ISO30，安装在 1 号刀位上。

3 号刀，螺纹车刀，刀具型号为：TL-LHTR-2020/R/60/1.5 ISO30，安装在 3 号刀位上。

5 号刀，割槽刀，刀具型号为：ER-SGTFR-2012/R/3.0-0 IS030，安装在 5 号刀位上。

（3）加工方案

使用 1 号外圆左偏刀，先粗加工后精加工零件的端面和零件各段的外表面，粗加工时留

0.5mm 的精车余量；使用 5 号割槽刀切割螺纹退刀槽；然后使用 3 号螺纹车刀加工螺纹。

（4）确定切削用量

切削深度：粗加工设定切削深度为 3mm，精加工为 0.5mm。

主轴转速：根据 45 号钢的切削性能，加工端面和各段外表面时设定切削速度为 90mm/min；车螺纹时设定主轴转速为 250r/min。

进给速度：粗加工时设定进给速度为 200mm/min，精加工时设定进给速度为 50mm/min。车削螺纹时设定进给速度为 1.5mm/r。

3. 编程与操作

（1）编制程序

（2）程序输入数控系统

将程序在数控车床 MDI 方式下直接输入数控系统，或通过计算机通信接口将程序输入数控机床的数控系统。然后在 CRT 屏幕上模拟切削加工，检验程序的正确性。

（3）手动对刀操作

通过对刀操作设定工件坐标系，记录每把刀的刀尖偏置值，在运行加工程序时，调用刀具的偏置号，实现对刀尖偏置值的补偿。

（4）自动加工操作

选择自动运行方式，然后按下循环启动按钮，机床即按编写的加工程序对工件进行全自动加工。

具体加工程序如下。

```
00001    程序代号
N005 G50 X200 Z100;              建立工件坐标系
N010 G50 S3000 ;                 主轴最高转速限定为 3000r/min
N015 G96 S90 M03  ;              主轴正转，恒线速设定为 90mm/min
N020 T0101 M06 ;                 选择 1 号外圆左偏刀和 1 号刀补
N025 M08 ;                       冷却液开
N030 G00 X86 Z0 ;                刀具快速定位至切削位置
N035 G01 X0 F50 ;                车端面
N040 G00 Z1 ;                    Z 向退出 1mm
N045 G00 X86 ;                   X 向退到 86mm 处，准备外圆切削循环
N050 G71 U3 R1 ;                 外圆切削粗加工循环，切削深度为 3mm，退刀量为 1mm。
N055 G71 P60 Q125 U0.5 W0.5 F200 ;
```

外圆切削粗加工循环，开始顺序号为 N60，结束顺序号为 N125，X 与 Z 方向各留 0.5mm 精加工余量，切削速度为 200mm/min

```
N060 G42 ;                       刀尖半径右补偿，N60~N125 为外圆切削循环精加工路线
N065 G00 X43.8;
N070 G01 X47.8 Z-1;
N075 Z-60;
N080 X50;
N085 X62 Z-120;
N090 Z-135;
N095 X78;
N100 X80 Z-136;
N105 Z-155;
N110 G02 Z-215 R70;
```

```
N115 G01 Z-225;
N120 X86;
N125 G40 ;                          取消刀尖半径补偿
N130 G70 P60 Q125 F50;              外圆切削精加工循环，切削速度为 50mm/min
N135 G00 X200 Z100 ;                刀具返回至换刀点
N140 T0505 M06 S50 ;                选择 5 号割槽刀和 5 号刀补，恒线速设定为 50mm/min
N145 G00 X52 Z-60 ;                 快进到 X52、Z-60 处，准备割槽
N150 G01 X45 ;                      切割螺纹退刀槽
N155 G04 X2 ;                       在槽底暂停 2s
N160 G01 X52 ;                      X 方向退回到 52mm 处
N165 G00 X200 Z100;                 刀具返回到换刀点
N170 T0303 M06 ;                    选择 3 号螺纹车刀和 3 号刀补
N175 G95 G97 S250 ;                 设置切削速度量纲，设定恒转速为 250r/min
N180 G00 X50 Z3;                    快进到 X=50、Z=3 处，准备车削螺纹
N185 G76 P011060 Q0.1 R1;           螺纹切削循环
N190 G76 X46.38 Z-58.5 R0 P1.48 Q0.4 F1.5;
N200 G00 X200 Z100 T0300;           快退到换刀点，取消 3 号刀补
N205 M05;                           主轴停止
N210 M09;                           冷却液关
N215 M30;                           程序结束
```

五、实训练习

练习对刀加工。

项目三　复合零件加工

一、实训目的

掌握复合轴类零件的加工方法。

二、实训设备

FANUC 0imate-TD、广数 GSK980TA 系统数控车床及相关刀具。

三、相关知识

1. 数控车削加工的编程特点

（1）在一个程序段中，可以采用绝对值编程或增量值编程，也可以采用混合编程。

（2）被加工零件的径向尺寸在图样上和测量时，一般用直径值表示，所以采用直径尺寸编程更为方便。因而在用绝对值编程时，以直径值编程；用增量值编程时，以径向实际位移量的两倍值编程，并有正、负方向（正号省略）。

（3）由于车削加工常用棒料或锻料作为毛坯，加工余量较大，为简化编程，数控装置常具备不同形式的固定循环，可进行多次重复循环切削。

（4）编程时，认为车刀刀尖是一个点，而实际上为了提高刀具寿命和工件表面质量，车刀刀尖常磨成一个半径不大的圆弧。为提高工件的加工精度，编制圆头刀程序时，需要对刀具半径进行补偿。大多数数控车床都具有刀具半径自动补偿功能（G41、G42），编程时可直接按工件轮廓尺寸编程。

（5）对于实心回转体端面的车削，由于现代数控机床都具有恒速切削功能，为提高表面质量和刀尖寿命，应采用恒切速程序。

2. 数控车削加工的编程基础。

（1）加工坐标系应与机床坐标系的坐标方向一致，X 轴对应径向，Z 轴对应轴向，C 轴

（主轴）的运动方向则以从机床尾架向主轴看，逆时针为＋C向，顺时针为－C向，加工坐标系的原点选在便于测量或对刀的基准位置，一般在工件的右端面或左端面上。

（2）直径编程方式：在车削加工的数控程序中，采用直径尺寸编程与零件图样中的尺寸标注一致，这样可避免尺寸换算过程中可能造成的错误，给编程带来很大方便。

（3）进刀和退刀方式：对于车削加工，进刀时采用快速走刀接近工件切削起点附近的某个点，再改用切削进给，以减少空走刀的时间，提高加工效率。切削起点的确定与工件毛坯余量大小有关，应以刀具快速走到该点时刀尖不与工件发生碰撞为原则。

四、实训内容与步骤

完成如图 1-4-2 所示零件的加工，毛坯尺寸 $\phi 50 \times 114$。

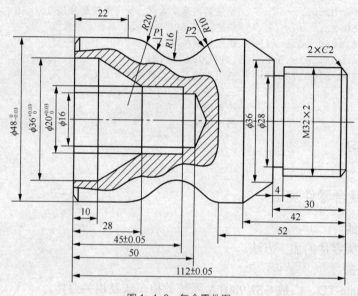

图 1-4-2　复合零件图

1. **图纸分析**

（1）加工内容：此零件加工包括车端面、外圆、倒角、圆弧、螺纹、槽等。

（2）工件坐标系：该零件加工需调头，从图纸上尺寸标注分析应设置 2 个坐标系，2 个工件零点均定于装夹后的右端面（精加工面）。

① 装夹 $\phi 50$ 外圆，平端面，对刀，设置第 1 个工件原点。此端面做精加工面，以后不再加工。

② 调头装夹 $\phi 48$ 外圆，平端面，测量总长度，设置第 2 个工件原点（设在精加工端面上）。

（3）换刀点：（120，200）。

（4）公差处理：尺寸公差取中值。

2. **工艺处理**

（1）工步和走刀路线的确定

① 装夹 $\phi 50$ 外圆表面，探出 65mm，粗加工零件左侧外轮廓，$2 \times 45°$ 倒角，$\phi 48$ 外圆，$R20$，$R16$，$R10$ 圆弧。

② 精加工上述轮廓。

③ 手工钻孔，孔深至尺寸要求。

④ 粗加工孔内轮廓。

⑤ 精加工孔内轮廓。

⑥ 调头装夹ϕ48外圆，粗加工零件右侧外轮廓，2×45°倒角，螺纹外圆，ϕ36端面，锥面，ϕ48外圆到圆弧面。

⑦ 精加工上述轮廓。

⑧ 切槽。

⑨ 螺纹加工。

（2）刀具选择和切削用量的确定

3. 刀具确定

T0101——外轮廓粗加工：刀尖圆弧半径0.8mm，切深2mm，主轴转速800r/min，进给速度150mm/min。

T0202——外轮廓精加工：刀尖圆弧半径0.8mm，切深0.5mm，主轴转速1500r/min，进给速度80mm/min。

T0303——切槽：刀宽4mm，主轴转速450r/min，进给速度20mm/min。

T0404——加工螺纹：刀尖角60°，主轴转速400r/min，进给速度2mm/r（螺距）。

T0505——钻孔：钻头直径16mm，主轴转速450r/min。

T0606——内轮廓粗加工：刀尖圆弧半径0.8mm，切深1mm，主轴转速500r/min，进给速度100mm/min。

T0707——内轮廓精加工：刀尖圆弧半径0.8mm，切深0.4mm，主轴转速800r/min，进给速度60mm/min。

4. 数值计算

（1）未知点坐标计算：

P1(40.7，-33.52)，P2(42.95，-53.36)。

（2）螺纹尺寸计算：螺纹外圆=32-0.2=31.8。

5. 编程

设经对刀后刀尖点位于（120，200），加工前各把刀已经完成对刀。装夹ϕ50外圆，探出65mm，手动平端面。

加工程序如下。

```
%0001
N10 T0101 M03 S800 ;
    G00 X60 Z30;
    G01 X51 Z5 F150;
    G71 U2 R2 P20 Q30 X0.5 Z0.1 F150 ;
    G00 X120 Z200;
    T0202 M03 S1500;
N20 G00 X40 Z2 ;
    G01 X47.985 Z-2 F80;
    Z-22;
  G03 X40.7 Z-33.52 R20 F60;
    G02 X42.95 Z-53.36 R16;
N30 G03 X48 Z-60 R10;
    G00 X120 Z200;
    M05;
    M30;
```

```
%0002
N10 T0606 M03 S500;
    G00 X15 Z10;
  G71 U1 R1 P20 Q30 X-0.4 Z0.1 F100;
  G00 Z200;
    X120;
  T0707 M03 S800 ;
N20 G00 X36.015 Z2;
    G01 Z-10 F60;
    X20.015 Z-28;
    Z-45;
N30 X15;
    G00 Z200;
    X120;
M05;
```

```
    M30;                                        N40 G00 X38 Z-30;
    %0003                                         G01 X28 F20;
 N10 T0101 M03 S800 ;                            G04 X4;
    G00 X60 Z30;                                 G01 X38;
    G01 X51 Z5 F150;                             G00 X120 Z200;
    G71 U2 R2 P20 Q30 X0.5 Z0.1 F150;            T0404 M03 S400 ;
    G00 X120 Z200 ;                           N50 G00 X38 Z5 ;
    T0202 M03 S1500;                             G82 X31.2 Z-27 F2;
 N20 G00 X23.8 Z2;                               G82 X30.6 Z-27 F2;
    G01 X31.8 Z-2 F80 ;                          G82 X30.2 Z-27 F2;
    Z-30 ;                                       G82 X29.9 Z-27 F2;
    X47.985 Z-42;                                G82 X29.835 Z-27 F2;
 N30 Z-53;                                       G00 X120 Z200;
    G00 X120 Z200;                               M05;
    T0303 M03 S450 ;                             M30;
```

五、实训练习
练习对刀加工。

项目四　宏程序加工

一、实训目的
掌握车床宏程序的加工方法。

二、实训设备
FANUC 0imate-TD、广数 GSK980TA 系统数控车床及相关刀具。

三、相关知识
宏程序适用于非圆曲面的加工，如椭圆、抛物线、双曲线、正余弦函数曲线。

IF 语句是先执行循环体，然后作出判断；WHILE 语句是先执行条件判断，然后再执行循环体。例如：

```
IF 语句
#100=30                        ——开始赋值
#101=50
#102 =2
N10 #100=#100-#102             ——循环体
  IF [#100 GT 20]GOTO10        ——如果#100 大于 20 则跳转到 N10
WHILE 语句
#100=30                        ——开始赋值
#101=50
#102 =2
WHILE[#100 GT 20]DO1           ——若#100 大于 20 则运行循环 1
#100=#100-#102                 ——循环体
END1                           ——循环 1 结束
```

注释：GT（大于）、LT（小于）、GE（大于等于）、LE（小于等于）。

变量种类：变量分为局部变量、公共变量和系统变量。局部变量#1~#33（局部使用的变量），公共变量#100~#149、#500~#531（通过主程序及其调用的子程序通用的可自由使用的变量），系统变量如#2000~2932（系统中用途固定的变量）。

四、实训内容与步骤

1. 零件图纸（见图 1-4-3）

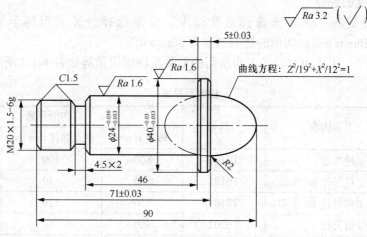

图 1-4-3 宏程序加工零件图

2. 工艺分析

该零件主要的加工内容包括外圆粗、精加工，切槽及螺纹的加工。加工工艺如下。

（1）零件左端加工

左端加工时从 $M20 \times 1.5$ 一直加工到 $\phi40_{-0.031}^{0}$ 外圆。装夹时也应考虑工件长度，应以一夹一顶的装夹方式加工。

（2）零件右端加工

右端加工较简单，只需夹住 $\phi24_{-0.039}^{-0.02}$ 外圆，粗精加工椭圆即可。

3. 刀具选择

（1）选用 $\phi3$ 的中心钻钻削中心孔。

（2）粗、精车外轮廓及平端面时选用 93° 硬质合金偏刀（刀尖角 35°、刀尖圆弧半径 0.4mm）。

（3）螺纹退刀槽采用 4mm 切槽刀加工。

（4）车削螺纹选用 60° 硬质合金外螺纹车刀。

具体刀具参数如表 1-4-1 所示刀具卡。

表 1-4-1　　　　　　　　　　　　刀具卡

序号	刀具号	刀具类型	刀具半径	数量	加工表面	备注
1	T0101	93° 外圆刀	0.4mm	1	从右至左外轮廓	刀尖 35°
2	T0202	外切槽刀	4mm 槽宽	1	螺纹退刀槽	
3	T0303	外螺纹刀		1	外螺纹	刀尖 60°

4. 切削用量选择

（1）背吃刀量的选择

粗车轮廓时选用 $ap=2$mm，精车轮廓时选用 $ap=0.5$mm；螺纹车削选用 $ap=0.5$。

（2）主轴转速的选择

主轴转速的选择主要根据工件材料、工件直径的大小及加工的精度要求等，根据图 1-4-3

所示零件图的要求，选择外轮廓粗加工转速 800r/min，精车为 1500r/min。车螺纹时，主轴转速 n=400r/min。切槽时，主轴转速 n=400r/min。

（3）进给速度的选择

根据背吃刀量和主轴转速选择进给速度，分别选择外轮廓粗精车的进给速度为 130mm/min 和 120mm/min；切槽的进给速度为 30mm/min。

具体工步顺序、工作内容、各工步所用的刀具及切削用量等如表 1-4-2 所示。

表 1-4-2 切削用量表

操作序号	工步内容	刀具号	切削用量		
			转速 r/min	进给速度 mm/min	切削深度 mm
1	加工工件端面	T0101	800	100	0.5
2	粗车工件外轮廓（左端）	T0101	800	130	2
3	精车工件外轮廓（左端）	T0101	150	120	0.5
5	车螺纹退刀槽	T0202	400	30	4.5×2
6	车削外螺纹 Y20×1.5	T0303	400	螺距 1.5	0.3
7	粗车工件外轮廓（右端）	T0101	800	130	2
7	精车工件外轮廓（右端）	T0101	1500	120	0.5
7	检验、校核				

5. 加工程序

加工程序如表 1-4-3 所示。

表 1-4-3 加工程序

数控车床程序卡	零件毛坯		ϕ45mm×92mm		编写日期	
	零件名称	椭圆螺纹轴	图号	1	材料	45#
	车床型号	CK6136	夹具名称	三爪卡盘	实训车间	数控中心
程序号	O0001		编程原点：工件左端面与中心轴线交点			
程序段号	程序		说明			
N10	%0001		左端粗加工复合循环及精加工程序			
N20	M03 S800 M08		主轴正转，转速 800r/min，冷却液开			
N30	T0101		刀具选择			
N40	G00 X47 Z5		快速点定位，工中工起始点			
N50	G71 U2 R5 P130 Q220 X0.5 Z0.1　F130		外径粗车循环			
N60	G00 X100		退刀			
N70	Z10					
N80	M05		主轴停转			
N90	M00 M09		程序暂停，冷却液关			
N100	M03 S1500 M08		主轴正转，转速 1500r/min，冷却液开			
N110	T0101		刀具选择			
N120	G00 X47 Z5		快速点定位，工件加工起始点			

续表

数控车床程序卡	零件毛坯		$\phi45mm \times 92mm$			编写日期	
	零件名称	椭圆螺纹轴	图号	1		材料	45#
	车床型号	CK6136	夹具名称	三爪卡盘		实训车间	数控中心
程序号	O0001		编程原点：工件左端面与中心轴线交点				
程序段号	程序		说明				
N130	G42 G00 X17 Z3		刀具靠近工个把起始点，刀补建立				
N140	G01 Z0 F120						
N150	X20 Z-1.5		倒角				
N160	Z-20						
N170	X24 C0.5						
N180	Z-66						
N190	X40 C0.5						
N200	Z-72						
N210	X45						
N220	G40 G00 X47		加工结束，刀补取消				
N230	X100		退刀				
N240	Z10						
N250	M05 M09		主轴停转，冷却液关				
N260	M30		程序结束，返回程序头				
程序号	O0002		编程原点：工件左端面与中心轴线交点				
程序段号	程序		说明				
N10	%0003		螺纹退刀槽加工程序				
N20	M03 S400 M08		主轴正转，转速 400r/min，冷却液开				
N30	T0202		刀具选择				
N40	G00 X25 Z5		快速点定位，工件加工起始点				
N50	G01 Z-20F200		定位				
N60	X16 F30		刀槽				
N70	X24		退刀				
N80	Z-19.5						
N90	X16		切槽				
N100	X17						
N110	X20 Z-18		例角				
N120	G00 X100		退刀				
N130	Z10						
N140	X05 M09		主思停转，冷却液关				
N150	X30		程序结束，返回程序头				
程序号	O0003		编程原点：工件左端面与中心轴线交点				
程序段号	程序		说明				
N10	%0004		外螺纹加工程序				
N20	M03 S400 M08		主轴正转，转速 400r/min，冷却液开				
N30	T0303		刀具选择				

续表

数控车床程序卡	零件毛坯		ϕ45mm×92mm			编写日期	
	零件名称	椭圆螺纹轴	图号		1	材料	45#
	车床型号	CK6136	夹具名称		三爪卡盘	实训车间	数控中心
程序号	O0003			编程原点：工件左端面与中心轴线交点			
程序段号	程序			说明			
N40	G00 X25 Z5			快速点定位，工件加工起始点			
N50	G75 C1 A60 K1.1 X18.05 Z-16 U0.3 V0.3 Q0.3 F1.5			外螺纹复合循环			
N60	G00 X100			退刀			
N70	Z10						
N80	M05 M09			主轴停转，冷却液关			
N90	M09			程序结束，返回程序头			
程序号	O0004			编程原点：工件右端面与中心轴交点			
程序段号	程序			说明			
N10	%0001			右端粗加工复合循环及精加工程序			
N20	M03 S800 M08			主轴正转，转速 800r/min，冷却液开			
N30	T0101			刀具选择			
N40	G00 X47 Z5			快速点定位，工件加工起始点			
N50	G71 U2 R5 P130 Q240 X0.5 Z0.1 F130			外径粗车循环			
N60	G00 X100			退刀			
N70	Z100						
N80	M05			主轴停转			
N90	M00 M09			程序暂停，冷却液关			
N100	M03 S1500 M08			主轴正转，转速 1500r/min，冷却液开			
N110	T0101			刀具选择			
N120	G00 X47 Z5			快速点定位，工件加工起始点			
N130	G42 G00 X-3 Z3			刀具靠近工件起始点，刀补建立			
N140	G01 Z0 F120						
N150	X0			倒角			
N160	M98 P2						
N170	G02 X27.875 Z-19 R2						
N180	G01 X39						
N190	X40 Z-19.5						
N200	X45						
N210	G40 G00 X47			加工结束，刀补取消			
N220	X100			退刀			
N230	Z100						
N240	X05 M09			主轴停转，冷却液关			
N250	M30			程序结束，返回程序头			
N260	%0002						
N270	#11=#30						
N280	#12=#32						

数控车床程序卡	零件毛坯	$\phi45mm \times 92mm$			编写日期	
	零件名称	椭圆螺纹轴	图号	1	材料	45#
	车床型号	CK6136	夹具名称	三爪卡盘	实训车间	数控中心
程序号	O0004		编程原点：工件左端面与中心轴线交点			
程序段号	程序		说明			
N290	WHILE#121GE[−17.125]					
N300	#12-#12−0.1					
N310	#11=SQRT[14144*[#12+19]*[#12+19]/361]					
N320	G01 X[2*[#11]]Z[#12]					
N330	ENDW					
N340	M99					

五、实训练习

练习对刀加工。

项目五 典型零件加工（选修）

一、实训目的

掌握较常用轴类零件的加工方法。

二、实训设备

FANUC 0imate-TD、广数 GSK980TA 系统数控车床及相关刀具。

三、相关知识

数控车床编程五要点。

（1）在一个零件的加工程序段中，根据图纸上标注的尺寸，可以按绝对坐标编程、增量坐标编程或两者混合编程。当按绝对坐标编程时用代码 X 和 Z 表示；按增量坐标编程时则用代码 U 和 W 表示，一般不用 G90、G91 指令。

（2）由于车削常用的毛坯为棒料或锻件，加工余量较大，为简化编程，数控车床的控制系统具有各种固定循环功能，在编制车削数控加工程序时，可充分利用这些循环功能，达到多次循环切削的目的。

（3）由于图纸尺寸和测量值都是直径值，故直径方向按绝对坐标编程时以直径值表示，按增量坐标编程时，以径向实际位移量的 2 倍值表示。

（4）编程时，常认为车刀刀尖是一个点，而实际上为了提高刀具寿命和工件表面质量，车刀刀尖常磨成一个半径不大的圆弧，为此当编制数控车削程序时，需要对刀具半径进行补偿。由于大多数数控车床都具有刀具补偿功能（G41、G42），因此可直接按工件轮廓尺寸编程。加工前将刀尖圆弧半径值输入数控系统，程序执行时数控系统会根据输入的补偿值对刀具实际运动轨迹进行补偿。对不具备刀具自动补偿功能的数控车床，则需手动计算补偿量。

（5）第三坐标指令 I、K 在不同的程序段中作用也不相同。I、K 在圆弧切削时表示圆心相对圆弧起点的坐标增量，而在有固定循环指令的程序中，I、K 坐标则用来表示每次循环的进刀量。

四、实训内容与步骤

1. 图纸

加工如图 1-4-4 所示阶梯孔类零件，材料为铝合金，材料规格为 $\phi50 \times 30mm$，其中毛坯轴向余量为 5mm, 要求按图纸要求加工完成该零件。

2. 工艺分析

该零件表面由内外圆柱面、圆弧等表面组成, 工件在加工的过程中要进行两次装夹才能够完成加工, 同时根据在加工孔类零件时一般按照先进行内腔加工工序, 后进行外形的加工工序的原则应该首先进行孔的加工然后进行其他面的加工。

3. 操作步骤及加工程序

（1）工件装夹, 内孔加工时以外圆定位, 用三爪自定心卡盘夹紧。

（2）对刀。内孔镗刀的对刀：内孔刀对刀之前内孔已经钻孔完成, 调用所需刀具, 首先对 Z 轴, 刀具刀尖接近工件外端面, 试切削工件外端面, 然后在工件补正界面内输入 Z0 测量, Z 轴对刀完成。X 轴对刀；沿 Z 轴切削工件内孔表面, 沿 Z 轴切削深度控制在

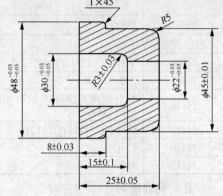

图 1-4-4　阶梯孔零件图

10mm 左右, 刀具沿 Z 向退刀, 主轴停转, 测量工件内孔直径, 在工件补正界面内输入 X 测量值即可完成 X 轴对刀。

（3）加工工序卡（见表 1-4-4）

表 1-4-4　　　　　　　　　　加工工序卡

工步	工步内容	刀具	切削用量		
			背吃刀量（mm）	主轴转速（r/min）	进给速度（mm/r）
1	粗车工件端面	T11（90°外圆车刀）		<400	0.3
2	钻孔	中心钻		<400	
3	钻底孔	ϕ15 麻花钻		<400	
4	扩孔	ϕ20 麻花钻		<400	
5	粗加工ϕ45 外圆、R5 圆弧	T11（90°外圆车刀）	2	<500	0.3
6	精加工工件端面ϕ45 外圆、R5 圆弧	T22（90°外圆车刀）	0.3	<1000	0.1
7	调头装夹工件找正				
8	车削工件端面, 保证工件总长	T11（90°外圆车刀）		<400	0.3
9	粗加工阶梯孔、R3 圆弧	通孔镗刀 T33	1	<500	0.2
10	精加工阶梯孔、R3 圆弧	通孔镗刀 T44	0.2	<800	0.05
11	粗加工ϕ48 外圆	T11（90°外圆车刀）	2	<500	0.3
12	精加工ϕ48 外圆	T22（90°外圆车刀）	0.3	<1000	0.1

（4）编写程序。

应用 G71 内外径粗车复合循环指令进行编程, 具体程序如下。

```
O0013;
G90;                绝对坐标编程
G95;                转化为每转进给
M03S400;            主轴正转 400r/min
T0101;              调用一号刀具 90°外圆车刀用于粗加工
```

```
G00X52;
Z2;                          刀具定位
G71U1R1X0.5Z0.1P10Q11F0.3;   外圆粗车复合循环指令,单边切深为2mm,退刀量为1mm,轴向留量
                             为0.5mm,径向留量为0.1mm
M00;                         程序停止
M05;                         主轴停转
T0202;                       调用二号刀具90°外圆车刀用于精加工
G95;                         转化为每转进给
G00X50;
Z2;                          刀具定位
P10G00X35;                   刀具快速进给至精加工位置,开始精加工
G01G42Z0F0.1;                刀具精进给至Z0位置,进给量为0.1mm/r
G03X45Z-5R5F0.1;             精加工R5圆弧
G01Z-17;                     精加工φ45尺寸
G00G40X50;                   取消刀补
Z100;                        刀具退刀至安全位置
M05;                         主轴停转
G95;                         转化为每转进给
M03S400;                     主轴正转400r/min
T0303;                       调用三号刀具通孔镗刀用于粗加工内孔用
G00X18;
Z2;                          刀具定位
G71U1R1X-0.5Z0.1P12Q13F0.3;  内孔粗车复合循环指令,单边切深为2mm,退刀量为1mm,轴向留
                             量为0.5mm,径向留量为0.1mm
M00;                         程序停止
M05;                         主轴停转
M03S800;                     主轴正转800r/min
T0404;                       调用四号刀具通孔镗刀用于精加工内孔
G95;                         转化为每转进给
G00X18;
Z2;                          刀具定位
N12G00X30;                   刀具快速进给至加工位置
G01G41Z-12F0.1;              精加工φ30建立刀补进给量为0.1mm/r
G03X24Z-15R3;                精加工R3圆弧
G01X22;
N13Z-27;                     精加工φ22内孔,进给量为0.1mm/r
G00G40X18;                   取消刀补
Z100;                        刀具退刀至安全位置
M05;                         主轴停转
G95;                         转化为每转进给
M03S400;                     主轴正转400r/min
T0101;                       调用一号刀具90°外圆车刀用于粗加工外圆
G00X52;
Z2;                          刀具定位
G71U1R1X0.5Z0.1P14Q15F0.3;   外圆粗车复合循环指令,单边切深为2mm,退刀量为1mm,轴向留量
                             为0.5mm,径向留量为0.1mm
M00;                         程序停止
M05;                         主轴停转
M03S800;                     主轴正转800r/min
G95;                         转化为每转进给
T0202;                       调用二号刀具90°外圆车刀用于精加工外圆
```

```
G00X52;
Z2;                          刀具定位
P14G00X48;                   刀具快速进给至加工位置
P15G01G42Z-10F0.1;           精加工 φ48 外圆进给量为 0.1mm/r
G00G40X55;                   取消刀补
Z100;                        刀具退刀至安全位置
M05;                         主轴停转
M30;                         程序结束返回至程序头
```

五、实训练习

练习对刀加工。

第2章 特种加工技能训练

第一节 电火花线切割加工

项目一 HL 线切割系统绘图软件操作

一、实训目的

1. 了解 DK7725B 快走丝线切割机的结构。

2. 熟悉电火花线切割加工用途。

3. 掌握用 HL 绘图软件绘制图形。

二、实训设备

1. DK7725B 快走丝线切割机 4 台。

2. 百分表 1 套、外六角扳手 1 套、钼丝、千分尺 1 把。

三、相关知识

1. 快走丝线切割机的用途

电火花线切割加工在对一些难切削的材料、特殊及复杂形状的零件的加工上较传统的切削加工方法具有明显的优势，因此被广泛应用于模具、工具、航空航天等制造加工领域。

2. DK7725B 快走丝线切割机的结构

机床本体由坐标工作台（X，Y）、运丝机构、丝架和床身 4 部分组成。

（1）X、Y 坐标工作台

用来装夹被加工的工件，控制台给 X 轴和 Y 轴执行机构发出进给信号，分别控制两个步进电机，进行预定图形的加工。

坐标工作台主要由拖板、导轨、丝杠运动副、齿轮传动机构 4 部分组成。

（2）运丝机构

主要用来带动电极丝按一定线速度移动，并将电极丝整齐地绕在丝筒上。

（3）丝架

主要功用是在电极丝按给定线速度运动时，对电极丝起支撑作用，并使电极丝工作部分与工作台平面保持一定的几何角度。

四、实训内容与步骤

1. HL 线切割菜单命令简介

进入系统后，选择绘图编程，如图 2-1-1 所示。

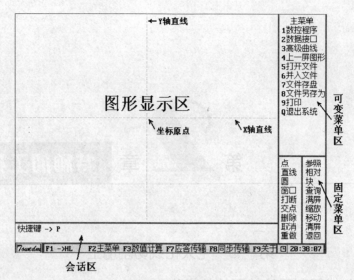

图 2-1-1　屏幕结构

屏幕分 4 个窗口区间，即图形显示区、可变菜单区、固定菜单区和会话区，如图 2-1-1 所示。移动箭头键或鼠标，在所需的菜单位置上按 Enter 键或鼠标左键，则选择了某一菜单操作。

（1）主菜单中常用及主要命令

① 数控程序：进入数控程序菜单，进行数控加工路线处理。

② 上一屏图形：恢复上一屏图形。当图形被放大或缩小之后，用此菜单轻便恢复上一图形状态。

③ 打开文件：进入文件管理器，读取磁盘内的图形数据文件（DAT 文件）进行再编辑。可以通过打开一个不存在的图形文件来新建文件。

④ 文件存盘：将当前正在编辑的图形文件存盘。存盘后的图形数据文件名为当前文件名，以 DAT 为后缀。如没有文件名，进入文件管理器可直接键入文件名。

⑤ 文件另存为：进入文件管理器，将当前正在编辑的线切割图形文件换一个文件名存盘。存盘后当前文件名即为新的文件名。相当于 Autop 的"文件改名"。

⑥ 退出系统：退出图形状态，回到初始界面。

（2）固定菜单中常用及主要命令

① 窗口：将选定矩形（窗口）内的图形放大显示。

② 打断：要执行打断先要确定在你要打断的直线、圆或圆弧上有两个点存在。执行打断后光标所在的两点间的图元部分被剪掉。如果在执行打断操作前预先按下 Ctrl 键，将执行反向打断。此时光标两点间的图元被保留，其余的部分被剪掉。辅助线不能被打断。

③ 交点：捕捉交点，要求交点在两相交图元内。

移动光标至要求交点附近，按 ENTER 键或鼠标左键，自动求出准确的交点。操作完毕，按 ESC 键终止。

当只拾取点时也可以不预先使用此操作，而直接选图元交接处为点。

④ 删除：删除几何元素，对点、直线、圆、圆弧进行删除，键入 ALL 回车，则全部图

形将被删除，如删除某一元素，只要将光标移动到被删除的元素上，再按 ENTER 键或鼠标左键。操作完毕，按 ESC 键终止。

⑤ 取消：取消上一步操作，如果上一次操作中绘制了图元，就将它删除，如果上一次操作删除了图元，就将它恢复。

⑥ 重做：将上一次取消操作中删除的图元或其他操作中删除的图元恢复，或将上一次取消操作恢复的图元再删除。只支持一步重做操作。

⑦ 参照：建立用户参照坐标系。

⑧ 相对：进入相对菜单。

⑨ 块：进入块菜单。

⑩ 查询：查询点、直线、圆、圆弧的几何信息。

⑪ 满屏：满屏幕显示整个图形。

⑫ 缩放：将图形按输入的缩小放大倍数进行缩小放大显示。除了按以上方式缩小放大图形外，也可以在作图的任一时候，按下 PageDown 执行缩小、PageUp 执行放大功能。

⑬ 移动：拖动显示图形。

操作方法：执行移动功能，当光标为十字线时按下鼠标确定键或敲回车键，使光标变为四向箭头，再移动光标就可以拖动图形了。要结束拖动状态只要再次按下鼠标确定键或再次敲击回车键就可以，光标将同时变回为原十字线图形。也可以在作图的任一时候，按下 Ctrl+箭头键来执行移动操作。

⑭ 清屏：隐藏所有图形。

⑮ 退回：退回主菜单，并在会话区显示当前文件名。

（3）文件管理器

文件管理器（图 2-1-2）除可用于文件的读取和存盘，还可进行图形预览、文件排序等。

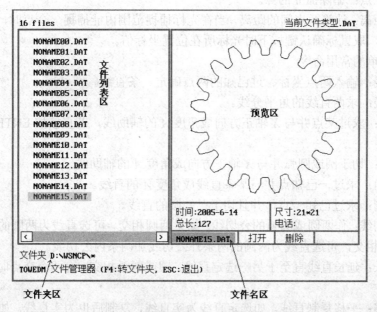

图 2-1-2　文件管理器

操作如下：

↑ ↓ ← →：箭头键用于选择已有的文件，也可用鼠标点击选择。"预览区"可即时图形预览选中的文件。

Delete：删除所选择的文件。

F6：按文件名排序。

F7：按时间排序。

Tab：切换要修改的区域。每按一下 Tab 键，修改的区域在文件夹、文件名和电话之间切换，切换到的区域以绿色显示，也可用鼠标点击要修改的区域。用户此时可用键盘输入，修改绿色区域中的内容。

F4：转换文件夹。每按一下 F4 键，当前文件夹在 D:\WSNCP（硬盘）与在程序进入时的文件夹（虚拟盘）之间转换。如系统无配置硬盘，D:\WSNCP 也是虚拟盘。

Esc/F3：退出文件管理器。

2. 图形输入操作

（1）点菜单中的常用命令

① 光标任意点：用光标在屏幕上任意定一个点。

② 圆上点：求圆或圆弧的圆心点。

③ 圆上点：求在圆上某一角度的点。

④ 等分点：直线、圆或圆弧的等分点。

⑤ 中点：直线或圆弧的中点。

⑥ CL 交点：直线、圆或圆弧的交点，同"交点"功能有所不同，"CL 交点"不要求线、圆间有可视的交点，执行此操作时，系统会自动将线、圆延长，然后计算它们的交点。

⑦ 点旋转：以一定角度旋转复制点。

⑧ 点对称：求以直线或点为对称的对称点。

⑨ 删除孤立点：删除孤立的点。

⑩ 查两点距离：计算两点间的距离，当在光标捕捉范围内能捕捉一个点时，取该点为其中一个点，否则，取鼠标确认键按下时光标所在位置坐标值。

（2）直线菜单的常用命令

① 二点直线：输入两点坐标、过已知的两点确定一条直线。

② 角平分线：求两直线的角平分线。

③ 点+角度：求过某点并与 X 轴正方向成角度 A 的辅助线，若直接按 ENTER 键则角度为 90 度。

④ 切+角度：切于圆或圆弧并与 X 轴正方向成角度 A 的辅助线。

⑤ 点线夹角：求过一已知点并与某条直线成角度 A 的直线。

⑥ 点切于圆：求过已知一点，并且切于已知圆的直线。

⑦ 二圆公切线：作两圆或圆弧的公切线。如果两圆相交，可选直线为两圆的两条外公切线。如果两圆不相交，可选直线为两圆的两条外公切线加两条内公切线。

⑧ 直线延长：延长直线直至于另一选定直线、圆或圆弧相交。有两个交点时，选靠近光标的交点。

⑨ 直线平移：平移复制直线。如选定直线为实直线，复制后也为实直线。如选定直线为辅助线，结果也为辅助线。

⑩ 直线对称：已知某一直线，对称于某一直线，称复制直线。

⑪ 清除辅助线：删除所有辅助线。

⑫ 查两线夹角：计算两已知直线的夹角。

（3）圆菜单的常用命令

① 圆心+半径：按照给定的圆心和半径作圆。

② 两点+半径：已知圆上两点，已知圆半径作圆。

③ 心线+切：给定圆心所在直线，并已知与圆相切于一已知点的直线、圆或圆弧作圆。

④ 双切+半径（过渡圆弧）：已知圆与两已知点、直线、圆或圆弧相切，并已知半径作圆。

⑤ 圆弧延长：延长圆弧与另一直线、圆或圆弧相交。

⑥ 圆对称：作圆或圆弧的对称圆、圆弧。

⑦ 三切圆：求任意三个元素的公切圆。

3. 图形编辑操作

（1）块菜单

块菜单可以对图形的某一部分或全部进行删除、缩放、旋转、拷贝和对称处理，对被处理的部分，首先必需用窗口建块或用增加元素方法建块，块元素以洋红色表示。

① 窗口选定。

屏幕显示：

第一角点——指定窗口的一个角，按 ESC 键或鼠标右键中止。

第二角点——指定窗口的另一个角，按 ESC 键或鼠标右键中止，如图 2-1-3 所示。

建块后，矩形窗口内的元素显示为洋红色。辅助线和点由于不是有效图元不能被选定为块。

② 增加元素。

屏幕显示：

增加块元素盘→

如需增加某一元素到块中，移动鼠标选取，被选取的块元素显示为洋红色。

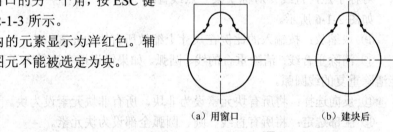

(a) 用窗口　　　　(b) 建块后

图 2-1-3

③ 减少加元素。

屏幕显示：

减少块元素盘→

如需在块中减少某一元素，移动鼠标选取，被减少的块元素恢复为正常颜色。

④ 取消块。

屏幕显示：

取消块 <Y/N?>

按确认键后，将所有块元素恢复为非块，全部洋红色元素恢复为正常颜色。

⑤ 删除块元素：将所有块元素删除。

屏幕提示：

删除块元素 <Y/N?>

按确认键后，将删除所有洋红色显示的元素。

⑥ 块平移（块拷贝）——平移复制所有块的元素。

屏幕提示：

平移距离 <DX，DY>=，平移次数<N>=

如图 2-1-4 所示。

⑦ 块旋转——旋转复制所有块的元素。

屏幕提示：

旋转中心<X，Y>=，绕旋角度<A>=，旋转次数<N>=旋转次数（不包括本身）

如图 2-1-5 所示。

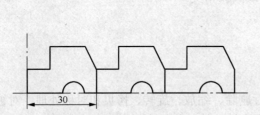
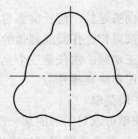

图 2-1-4 平移距离<DX，DY>=30，0，平移次数<N>=2 的结果　　图 2-1-5 绕坐标原点，旋转120°，2 次的结果

⑧ 块对称：对称复制所有块的元素。

屏幕提示：

对称于点，直线 = 对称于某一点或直线

如图 2-1-6 所示。

⑨ 块缩放：按输入的比例在尺寸上缩放所有块的元素。

⑩ 清除重合线：清除重合的线、圆弧。如果错误地多次并入了同一个文件可以使用此功能清除重复的线圆弧。

⑪ 反向选择：将所有块元素设为非块，所有非块元素设为块。

⑫ 全部选定：将所有直线、圆、圆弧全部设为块元素。

（2）相对

① 相对平移。

屏幕显示：

平移距离<Dx，Dy>= 相对平移距离

将当前整个图形往 X 轴方向平移 Dx，Y 轴方向平移 Dy，如图 2-1-7 所示。

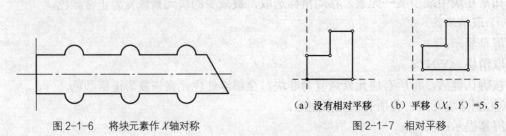

图 2-1-6 将块元素作 X 轴对称　　　　（a）没有相对平移　　（b）平移（X，Y）=5，5

图 2-1-7 相对平移

② 相对旋转。

屏幕显示：

旋转角度<*A*>= 绕原点旋转 *A* 角

将当前整个图形绕原点旋转 *A* 角度。

③ 取消相对。

取消已做的相对操作，恢复相对操作前的图形状态。

④ 对称处理。

屏幕显示：

对称于坐标轴<X/Y？>

将当前整个图形对称于 *X* 或 *Y* 轴。

⑤ 原点重定。

屏幕显示：

新原点<*X*，*Y*>=

以一个点作为新的坐标原点。

五、实训练习

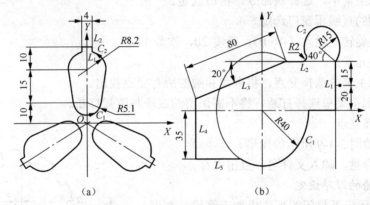

(a)　　　　　　　　　　(b)

图 2-1-8　绘图练习

项目二　偏心齿轮加工

一、实训目的

1. 掌握加工刀路的设定。

2. 掌握偏心齿轮加工。

二、实训设备

1. DK7725B 快走丝线切割机 4 台。

2. 百分表 1 套、外六角扳手 1 套、钼丝、千分尺 1 把、加工铁板一块。

三、相关知识

电火花线切割按走丝速度可分为快走丝、慢走丝和立式自旋转电火花线切割机 3 类。快走丝电极丝做高速往复运动，走丝速度为 8～10m/s，电极丝可重复使用，加工速度较高，是我国生产和使用的主要机种。

电火花线切割加工是通过电极丝接脉冲电源的负极，工件接脉冲电源的正极。高频脉冲电源通电后，当工件与电极丝之间的距离小于放电距离时，脉冲电能使介质（工作液）

电离击穿，形成放电通道，在电场力的作用下，大量的带负电荷的电子高速奔向正极，带正电荷的离子奔向负极，由于电离而产生的高温使工件表面熔化，甚至气化，使金属随着电极丝的移动及工作液的冲击而被抛出，从而在工件表面形成凹坑。在高温区中由于极性效应，电极丝与工件分配的能量不一样，因而电极丝与工件的表面温度也不一样，并且由于电极丝的熔化温度要大大高于工件材料的熔化温度，同时电极丝又在高速离开高温区，因而在高温区中电极的蚀除量要大大小于工件的蚀除量，这就使得工件表面形成较大的凹坑，而在电极丝的表面形成很小的凹坑，连续不断的脉冲放电就切出了所需形状和尺寸的工件。

四、实训内容及步骤

1. 偏心齿轮图形绘制

（1）进入绘图界面。

（2）选择圆、圆心、半径输入（0，0），半径40。

（3）输入（−5，0），半径50。

（4）退回到主菜单，选择直线命令，两点直线输入（0，40），（0，65）。

（5）退回到主菜单，选择块命令，窗口选定。

（6）将绘制的直线用窗口选定。

（7）选择块旋转，输入（0，0），角度20，次数17次。

（8）取消块元素。

（9）退回到主菜单选择交点，将直线和圆的所有交点找出。

（10）退回到主菜单选择打断，将不需保留的线段与圆弧打断。

（11）删除孤立点。

（12）得到如图2-1-9所示的图形。

（13）文件存盘，输入文件名，点击保存。

2. 偏心齿轮的刀路设定

HL 可对封闭或不封闭图形生成加工路线，并可进行旋转和阵列加工，可对数控程序进行查看、存盘，可直接传送至线切割机床单板机。

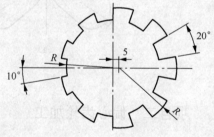

图 2-1-9 偏心齿轮

（1）加工路线

① 选择加工起始点和切入点。

② 回答加工方向，（Yes/No）。

③ 给出尖点圆弧半径。

④ 给出补偿间隙，根据图形上箭头所提示的正负号来给出数值。

⑤ 回答"重复切割"，如答否（No），则按正常产生3B代码。如答是（Yes），则：

a．系统提问"切割留空？"，输入多次切割的最后一刀预留长度（单位：mm）。

b．再按提示输入第二次切割的补偿间隙。系统自动产生第二次逆向切割的3B代码。

c．系统会再提问"重复切割？"，答是（Yes）并重复步骤 b 可产生第二次、第三次…第 N 次切割的3B代码。答否（No）则结束。

⑥ 按提示输入最后一刀的补偿间隙。

⑦ 操作完成后如果无差错即会给出生成后的代码信息，有错误则给出错误提示。

提示信息格式如下：

R=尖点圆弧，F=间隙补偿，NC=代码段数，L=路线总长，X=X轴校零，Y=Y轴校零

（2）取消前代码

即旧 AUTOP 的"取消旧路线"（取消已生成的加工路线），不同的是，在有多个跳步存在的情况下，一次只取消前一步的路线。

（3）代码存盘

将已生成的加工代码保存到磁盘，存盘后扩展名为".3B"。

如果当前文件的文件名为空，则以 NONAME00.3B 存到磁盘，有可能覆盖已有的 3B 文件，因此必须先将图形文件存盘。

3．偏心齿轮模拟加工

调入文件后，正式切割之前，先进行模拟切割，以便观察其图形及回零坐标是否正确，避免因编程疏忽或加工参数设置不当而造成工件报废。

操作如下：

在系统界面选择模拟切割，显示虚拟盘加工文件（3B 指令文件），光标移到需要模拟切割的 3B 指令文件，按回车键，即显示出加工件的图形。如图形的比例太大或太小，不便于观察，可按＋键、－键进行调整。如图形的位置不正，可按上、下、左、右箭头键、PgUp键及 PgDn 键调整。按 F1 回车键显示起点。再按回车显示终点开始模拟切割，F4、回车键即时显示终点 X、Y 回零坐标。

4．偏心齿轮加工

经模拟切割无误后，装夹工件，开启丝筒、水泵、高频，可进行正式切割。

在系统界面下，选择加工#1，按回车键，显示加工文件。光标移到要切割的 3B 文件，按回车键，显示出该 3B 指令的图形，调整大小比例及适当位置，按 F3，显示加工参数设置子菜单如下。

（1）加工参数设置。

V.F.	变频	—① 切割时钼丝与工件的间隙，数值越大，跟踪越紧。
Offset	补偿值	—② 设置补偿值/偏移量。
Grade	锥度值	—③ 按 ENTER 键，进入锥度设置子菜单。
Ratio	加工比例	—④ 图形加工比例。
Axis	坐标转换	—⑤ 可选 8 种坐标转换，包括镜像转换。
Loop	循环加工	—⑥ 循环加工次数，1 为 1 次，2 为 2 次，最多 255 次。
Speed	步速	—⑦ 进入步进电机限速设置子菜单。
XYUV	拖板调校	—⑧ 进入拖板调校子菜单。
Process	控制	—⑨ 按 ENTER 键进入控制子菜单。
Hours	机时	—⑩ 机床实际工作小时。

（2）限速设置子菜单。

XY	speed	速度	—① XY轴工作时的最高进给速度（单位：μ/秒，下同）。
UV	speed	速度	—② UV轴工作时的最高进给速度。
XY	limit	限速	—③ XY轴快速移动时的最高进给速度。
UV	limit	限速	—④ UV轴快速移动时的最高进给速度。

（3）各参数设置完毕，按 Esc 退出。按 F1 显示起始段 1，表示从第 1 段开始切割，按回车键显示终点段 XX。按 F12 锁进给，按 F10 选择自动，按 F11 开高频开始切割。

（4）切割过程中各种情况的处理。

① 跟踪不稳定：按 F3 后，用向左、右箭头键调整变频（V.F.）值，直至跟踪稳定为止。当切割厚工件跟踪难以调整时，可适当调低步进速度值后再进行调整，直到跟踪稳定为止。调整完后按 Esc 退出。

② 短路回退：发生短路时，如在参数设置了自动回退，数秒钟后（由设置数字而定），系统会自动回退，短路排除后自动恢复前进。持续回退 1 分钟后短路仍未排除，则自动停机报警。如果参数设置为手动回退，则要人工处理：先按空格键，再按 B 进入回退。短路排除后，按空格键，再按 F 恢复前进。如果短路时间持续 1 分钟后无人处理，则自动停机报警。

③ 临时暂停：按空格键暂停，按 C 键恢复加工。

④ 设置当段切割完暂停，按 F 键即可，再按 F 则取消。

⑤ 中途停电：切割中途停电时，系统自动保护数据。复电后，系统自动恢复各机床停电前的工作状态。

⑥ 中途断丝：按空格键，再按 W、Y、F11、F10，拖板即自动返回加工起点。

（5）退出加工：加工结束后，按 Esc 即退出加工，返回系统界面。加工中途按空格键再按 Esc 也可退出加工。

五、实训练习

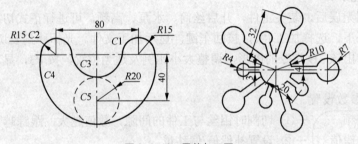

图 2-1-10　零件加工图

第二节　电火花成型加工

项目一　基本操作及工件零点的设置

一、实训目的

1. 了解 D7140 成型机的结构。

2. 熟悉电火花成型机结构、机床分类、加工特点。

3. 掌握成型机的基本操作及工件零点的设定。

二、实训设备

1. D7140 成型机 4 台。

2. 百分表 1 套、外六角扳手 1 套、铜棒、加工铁块。

三、相关知识

1. 数控电火花成型加工机床分类

（1）按控制方式分：普通数控电火花成型机床、单轴数控电火花成型机床、多轴数控电火花成型机床。

（2）按机床结构分：固定立柱式电火花成型机床、滑枕式电火花成型机床、龙门式电火花成型机床。

（3）按电极交换方式分：普通电火花成型机床、电火花加工中心。

2. 数控电火花成型加工机床加工特点

（1）成型电极放电加工，无宏观切削力。

（2）电极相对工件做简单或复杂的运动。

（3）工件与电极之间的相对位置可手动控制或自动控制。

（4）加工一般浸在煤油中进行。

（5）一般只能用于加工金属等导电材料，只有在特定条件下才能加工半导体和非导电体材料。

（6）加工速度一般较慢，效率较低，且最小角部半径有限制。

3. 数控电火花成型加工机床及应用范围

（1）高硬脆材料。

（2）各种导电材料的复杂表面。

（3）微细结构和形状。

（4）高精度加工。

（5）高表面质量加工。

4. 数控电火花成型加工机床基本组成

数控电火花成型加工机床由于功能的差异，导致在布局和外观上有很大的不同，但其基本组成是一样的，都由脉冲电源、数控系统、工作液循环系统、伺服进给系统、基础部件等组成。

四、实训内容与步骤

1. 数控电火花成型机床操作

系统功能介绍

① 主目录页。

系统开机进入主目录页中，在主目录页中，用键盘上的数字键选择。

按"1"选择"电子尺"页。

按"2"选择"加工"页。

在任一功能页中，按菜单键退回到主目录中。

② 电子尺页。

在电子尺页中，可以用手控盒移动 Z 轴，用手摇轮移动 X 轴和 Y 轴。可以设定 3 轴的光学尺数。

设定方法：X 轴：按 X，任意数字，Enter。

Y 轴：按 Y，任意数字，Enter。

Z 轴：按 Z，任意数字，Enter。

F1 和 F2：双坐标功能，一个电极在两个工件上加工，可以选择第一坐标 F1，校好第一个工件，再选择第二个坐标 F2，校好第二个工件，分别设定两个坐标的光学尺数。

F4：分中功能。对 X、Y 的数据进行自动除 2。

F6：寻找工件的加工表面。自动寻找工件表面。

F7：蜂鸣器。蜂鸣器的开关。

F8：碰工件保护。

③ 加工页。

F1：插入。插入加工的参数行。

F3：删除。删除加工的参数行。

2．电火花成型机基本操作

（1）开机

开启整机总电源→按 N.C 键→显示器显示主目录后→旋开紧急开关→按下 O.T 键→选择"1"→按键盘上的 RST 键消除"紧急停止"报警。

（2）安装工件

① 检测工件外形尺寸及形状后，将工件放于工作台上，用百分表校正工件与 X、Y 轴方向的平行度。

② 将工件固定在工作台上。

（3）工具电极安装

① 根据工件的尺寸和外形选择或制造定位基准。

② 准备电极装夹夹具。

③ 装夹和校正电极。

④ 调整电极的角度和轴心线。

（4）加工原点设定

以长方形工件为例，设定在工件的对称中心，如图 2-2-1 所示。

① X 轴方向中心：将主轴抬升，移至工件外侧，缓慢下降到工件表面以下，慢慢移动主轴去接触工件，直至发出报警声，将 X 轴数值归零（X，0，ENTER），将主轴抬升，再将主轴移至工件对边，重复操作，直至报警，此时得到 X 轴方向的长度，输入 X，按 F4 分中功能键，此时为原坐标值的一半，移动 X 轴光学尺数值到 0，即找到了 X 轴方向的中心位置。

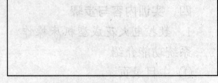

图 2-2-1

② Y 轴方向中心：将主轴抬升，移至工件外侧，缓慢下降到工件表面以下，慢慢移动主轴去接触工件，直至发出报警声，将 Y 轴数值归零（Y，0，ENTER），将主轴抬升，再将主轴移至工件对边，重复操作，直至报警，此时得到 Y 轴方向的长度，输入 Y，按 F4 分中功能键，此时为原坐标值的一半，移动 Y 轴光学尺数值到 0，即找到了有 Y 轴方向的中心位置。

（5）加工基准面的设定

用手控盒移动 Z 轴，按 Z 键，缓慢下降，直至碰到工件平面，发出报警声，Z 轴停止移动，输入 Z，0，ENTER。

（6）自动找表面

选择 F6 自动找平面功能键，按 Z 键，Z 轴就会以缓慢的速度向下移动，直至碰到工件报警，自动停止，将 Z 轴归零即可。

五、实训练习

设定零件的加工原点。

项目二　电极材料的选用及放电加工参数设置

一、实训目的

1. 掌握电火花成型机电极材料的选用原则。
2. 掌握放电加工参数设置。

二、实训设备

1. 单轴数控电火花成型机 3 台。
2. 百分表两套、内六角扳手 3 套、铜电极若干套、加工铁块等。

三、相关知识

1. 数控电火花成型加工工作原理

电火花加工的原理是基于工具和工件（正、负电极）之间脉冲性火花放电时的电腐蚀现象来蚀除多余的金属，以达到对零件的尺寸、形状及表面质量预定的加工要求。

2. 数控电火花成型加工必备条件

（1）使工具电极和工件被加工表面之间经常保持一定的放电间隙。

（2）电火花加工必须采用脉冲电源。

（3）使火花放电在有一定绝缘性能的液体介质中进行。

四、实训内容与步骤

1. 工具电极

（1）对工具电极的要求

导电性能良好、电腐蚀困难、电极损耗小、具有足够的机械强度、加工稳定、效率高、材料来源丰富、价格便宜等。

（2）工具电极的种类及性能特点

常用电极材料可分为铜和石墨，一般精密、小电极用铜来加工，而大的电极用石墨。

（3）石墨电极

① 加工性能好，成型容易，但加工时有污染。

② 宽脉冲大电流情况下损耗小，适合粗加工。

③ 密度小，重量轻，适宜制造大电极。

④ 单向加压烧结的石墨有方向性。

⑤ 精加工时损耗较大。

⑥ 易产生电弧烧伤。

（4）铜电极

纯铜电极：高纯度，组织细密，含氧量极低，导电性能佳，电蚀出的模具表面光洁度高，经热处理工艺，电极无方向性。

银铜电极：电蚀速度快，高光洁度，低损耗，粗加工与细加工可一次完成，是精密制模的理想材料。

2. 电火花加工深度的设定及放电加工

设定加工深度时，加工平面以下，深度值为负数；以上，为正值。

进入加工页面，按 Z，−5，Enter。

加工深度设定时，深度由浅到深，电流由大到下，放电加工一次性完成。

（1）放电参数介绍

A：物料。

B：电流，0.5A 最小。

C：放电频率（放电时间或放电脉冲）调节范围 1～9 级。

D：放电休止频率（放电休止时间）调节范围 1～15 级。

E：高压电流，可以提升加工速度。

F：极性，正常情况下极性为 0，即电极为正，工件为负；极性为 1，电极为负，工件为正，损耗电极，用于修整电极。

G：高压。

H：排渣。

I：高度。

J：缓冲。

（2）放电参数的设定

选择需要调整的参数，如要改物料则输入 A，6，Enter，其他的所有参数都是按此方法设定。

（3）放电加工

将以上参数调整好后，按下切削液开关，按 F8 设定将 F1 液位侦测关闭，按键盘上的 CYCLE 即可开始加工。

（4）放电停止

当加工深度到达设定值后，放电自动停止，或者直接按键盘上的 CYCLE OFF 开关，放电停止。

五、实训练习

1. 放电参数的设定。

2. 放电加工。

项目三　各个放电参数对零件精度影响（选修）

一、实训目的

1. 了解各个参数的含义。

2. 掌握电流和放电间隙对放电精度的影响。

二、实训设备

1. 单轴数控电火花成型机 3 台。

2. 百分表两套、内六角扳手 3 套、铜电极若干套、加工铁块等。

三、相关知识

电火花加工时，有多种因素决定着放电加工的加工精度，零件加工的表面粗糙度、加工斜度、加工间隙、放电参数、加工液等。

四、实训内容与步骤

1. **表面粗糙度**

电火花加工表面的粗糙度取决于放电蚀坑的深度及其分布的均匀程度，只有在加工表面产生浅而分布均匀的放电蚀坑，才能保证加工表面有较小的粗糙度值。为了控制放电凹坑的均匀性，需要采用等能量放电脉冲控制技术，即检测间隙电压击穿下降沿，控制放电脉冲电流宽度相等，用相同的脉冲能量进行加工，从而使加工表面粗糙度微观上均匀一致。

2. 加工间隙（侧面间隙）的影响

加工间隙的大小及其一致性直接影响电火花成型加工的加工精度。只有掌握每个规准的加工间隙和表面粗糙度的数值，才能正确设计电极的尺寸，决定收缩量，确定加工过程中的规准转换。

3. 加工斜度的影响

在加工中，不论型孔还是型腔，侧壁都有斜度，形成斜度的原因，除电极侧壁本身在技术要求或制造中原有的斜度外，一般都是由电极的损耗不均匀，以及"二次放电"等因素造成的。

（1）电极损耗的影响。电极由于损耗而形成锥度，这种锥度反映到工件上，就形成了加工斜度。

（2）工作液脏污程度的影响。工作液越脏，"二次放电"的机会就越多；同时由于间隙状态恶劣，电极回升的次数必然增多。这两种情况都将使加工斜度增大。

（3）冲油或抽油的影响。采用冲油或抽油对加工斜度的影响是不同的。用冲油加工时，电蚀产物由已加工面流出，增加了"二次放电"的机会，使加工斜度增大。而用抽油加工时，电蚀产物是由抽吸管排出去，干净的工作液从电极周边进入，所以在已加工面出现"二次放电"的机会较少，加工斜度也就小。

（4）加工深度的影响。随着加工深度的增加，加工斜度也随着增加，但不是成比例关系。当加工深度超过一定数值后，被加工件的上口尺寸就不再扩大了，即加工斜度不再增加。

4. 放电参数的影响

（1）极性

加工极性分为正极（+）、负极（-）两种，因为电火花加工需要脉冲式的直流电源，加工的时候，脉冲电流的周期短的时候，负性粒子向正极移动的数量比正性粒子移向负极的多，故此击出的能量在正极较高，代表着正极受热熔的金属比负极亦相对增加。脉冲电流的周期长的时候，正、负粒子的数量相近，但正粒子的体积比负粒子大，其击在负极上所产生的热能亦相应增大，所以负极的金属比正极被熔化的较多。脉冲电流周期的长短，决定了极性，一般钢材加工时，5 微秒是临界时间。

（2）电流强度

电流强度愈大，加工速度愈快，相对的电极的损耗率高，加工精度低。电流小，加工速度慢，电极损耗率亦低，加工精度高。

（3）脉冲放电时间

脉冲放电时间单位以微秒计，脉冲放电时间短，增加电极的损耗率，但所获得的加工粗糙度较佳，相反的脉冲放电时间长却减少了电极损耗。由于加工速度在某一个脉冲放电时间界限内会改变，并非线性趋向，所以当粗加工时应选择加工快、低损耗的参数组合。

（4）脉冲休止时间

脉冲休止时间愈短，加工速度愈快，电极损耗率少，加工精度低，每次放电所产生的金属沉渣亦相应增多，导致电极与工件之间容易发生燃烧电弧现象。休止时间延长到某段时间加工速度较慢，电极损耗亦大，但冲流困难的时候，也要考虑加长休止时间，减少燃烧现象。

五、实训练习

调节各个参数，记录各个参数变化对加工精度的影响。

第三节　激 光 加 工

项目一　绘图软件及图形设计

一、实训目的
1. 熟悉 Lasersculpt 图形绘制基本操作功能。
2. 掌握 Lasersculpt 软件主要命令的使用。

二、实训设备
1. CLS3500 激光切割机。
2. 电脑、加工用的木板。

三、相关知识
精准的切割与雕刻来自于精确的图形和合理的切割工艺，需要有一款优秀的切割软件。北京神州镭神激光技术有限公司自主开发的激光切割软件——Lasersculpt。能在同一机器上实现切割和雕刻两项操作，可以进入相应的软件界面，也可以在同一界面下进行切割和雕刻两项操作。但在进行切割和雕刻操作时，必须选择不同的运行参数。

四、实训内容与步骤
1. 切割软件主页面（见图 2-3-1）
主页面分为"绘图区"、"菜单栏"、"工具栏"、"状态栏"几个部分。绘图区是显示图形及图形进行绘制、编辑等的主要界面。菜单栏是软件基本功能命令的集中地。工具栏以图标的形式将最常用的功能命令显示出来，以方便操作。状态栏显示的是正在进行的操作状态。将鼠标移动到工具栏上时，状态栏将显示该工具的简单说明。状态栏最右边实时显示的是鼠标当前所处的坐标值。

2. 文件菜单（见图 2-3-2）
调入文件，在"文件"菜单中选择"打开"。文件打开后，图形中的重合节点将被自动焊接。

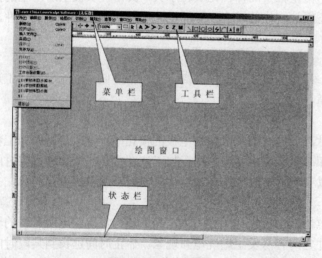

图 2-3-1　软件主界面

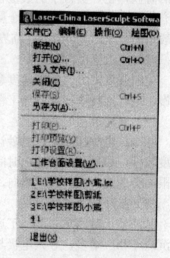

图 2-3-2　文件菜单

工作台设置图，"工作台面"功能是以深色区域代表机床实际工作幅面大小，以供使用者参照。通过"工作台设置"可设定软件绘图窗口中灰色台面区的大小。选择该功能后弹出界面，如图 2-3-3 所示。

通过设置"X 方向"和"Y 方向"的数值来控制工作台面区的大小。

3．操作菜单

（1）图形选择功能

两种方式，一种是点选，另一种是框选项。

① 点选功能。

点选功能是靠工具栏中的""工具来实现的。点击选择工具后，用鼠标点击图形，则被点图形被选中，选中的图形以粗实线显示。

图 2-3-3　工作台设置界面

② 累加选择。

当希望累加选择多个图形时。在点选第一个图形后，按住键盘上的"SHIFT"键，继续点选其他图形。则后被点选的图形与前面选中的图形一起累加到被选择状态中。

③ 框选功能。

框选功能是使用工具栏"□"工具或菜单栏"选择区域"工具实现的。

注：鼠标从左向右框选，被选择框完全框住的图形均会被选中；鼠标从右向左框选，被选择框完全框住或和选择框相交的线或图形会被选中。

（2）移动图形

首先需要通过"选择功能"选择将要移动的图形。然后将鼠标移动到图形显示的红点处，再按住鼠标左键并拖动鼠标。此时被选图形就会跟随鼠标移动位置。将图形移动到位后，松开鼠标左键完成图形移动。图形被限制在 X、Y 坐标的正值区移动，不能被拖动到负值区。

（3）旋转图形

旋转图形是使用"操作"菜单中的"旋转"命令来实现的。首先选择希望旋转的图形。再点击"旋转"命令，出现如图 2-3-4 所示对话框。

在旋转角度栏填入希望图形偏转的角度（顺时针为正值，逆时针为负值），点击"OK"键完成图形的旋转操作。

注：对多个图形同时旋转操作时，将以被选中图形的公共中心为轴转动。

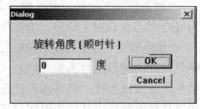

图 2-3-4　旋转操作对话框

4．Lasersculpt 绘图

"绘图"功能菜单集成了直线、矩形、圆、椭圆、圆弧、线段族（多线段）、文字等绘制功能。

（1）直线

绘制方法：执行"绘图"菜单下"直线"命令或点击工具栏"＼"工具。然后用鼠标在绘图窗口中点左键确定直线的起始点，按住左键不放，拖动鼠标到直线终点位置，松开鼠标左键，完成直线绘制。

（2）矩形

绘制方法：执行"绘图"菜单下"矩形"命令或点击工具栏"□"工具。然后用鼠标在绘图窗口中点左键确定矩形的一个角点，按住左键不放，拖动鼠标到矩形的另一个角的位置，松开鼠标左键，完成矩形绘制。

（3）圆

绘制方法：点击"绘图"菜单下"圆"命令或点击工具栏"⊙"工具。然后用鼠标在绘图窗口中点左键确定圆心位置，按住左键不放，拖动鼠标确定圆的半径大小，松开鼠标左键，完成圆的绘制。

（4）椭圆

绘制方法：点击"绘图"菜单下"椭圆"命令或点击工具栏"⊙"工具。然后用鼠标在绘图窗口中点左键确定椭圆的一个角点，按住左键不放，拖动鼠标到椭圆的另一个角的位置，松开鼠标左键，完成椭圆绘制。

（5）圆弧

绘制方法：点击"绘图"菜单下"圆弧"命令或点击工具栏"⌒"工具。然后用鼠标在绘图窗口中单击左键确定圆弧的第一点，松开左键，拖动鼠标到圆弧的第二点位置，点击鼠标左键，松开左键，拖动鼠标到圆弧的第三点位置点击鼠标左键，完成圆弧绘制。

（6）线段族

绘制方法：点击"绘图"菜单下"线段族"命令或点击工具栏"↯"工具。然后用鼠标在绘图窗口中单击左键确定线段族的第一点，松开左键，拖动鼠标到线段族的第二点位置，并单击左键确定线段族的第二点，拖动鼠标到线段族的第三点位置点鼠标左键，依次类推，绘制出线段族中的所有点。需要结束线段族的绘制时点鼠标右键结束。

（7）文字

绘制方法：点击"绘图"菜单下"文字"命令或点击工具栏"A"工具。弹出文字对话框。根据提示录入文字。

5. 颜色设置功能

该功能的目的是为选中的图形填充颜色，并在各颜色内部为各线条（组）图形排定顺序。"颜色设置"功能解决了其他软件无法填色的问题。

"颜色设置"功能，可以控制多达 2048（8 色 X256 个序号）条/组路径的加工次序。从而为最合理的预设加工顺序，为减少空程，提高功效提供了有效手段。

"颜色设置"功能对图形进行排序时，共分为两个排序级别：颜色种类为一级别（高级别）；颜色内部的图形序号为第二级别（低级别）。在加工时，软件会遵从第一级别的设置，根据各颜色间的安排顺序，将各颜色的图形分别加工。而在加工同一种颜色的图形时，各图形间的顺序是按照颜色内部的图形序号依次进行的。

"颜色设置"功能的使用方法是：首先选中待填色的图形，再点击"编辑"→"颜色设置"命令，之后会出现如图 2-3-5 所示的界面。

先选择希望填充的颜色。然后指定当前选择的图形在颜色内部的序号。

颜色序号的取值范围为 0～255。该序号指定的是颜色内部的顺序，各颜色间的序号互不干扰。一次性选择的多个图形将被指定为同一序号。所以当希望排定每一个图形的加工顺序时，须单个依次选中，并分别指定颜色及颜色内序号。

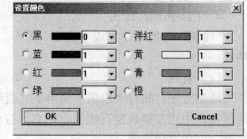

图 2-3-5　颜色设置

五、实训练习

1．练习 Lasersculpt 基本绘图命令。

2．练习 Lasersculpt 的编辑功能。

3．将绘制或是调用的图形进行颜色设置。

项目二 参数设置

一、实训目的

1．掌握 Lasersculpt 软件的颜色设置参数。

2．掌握 Lasersculpt 软件的切割参数设置。

二、实训设备

1．CLS3500 激光切割机。

2．电脑、加工用木板。

三、相关知识

在激光加工时，激光的效果是否能达到预期效果在很大程度上取决于激光参数的设置以及这些参数的相互依存关系，必须全面了解激光参数的相互关系才能很好地对应各种材料进行参数设置，保证激光加工的效果。

四、实训内容与步骤

"切割"菜单主要包括与切割加工相关的设置选项，如图 2-3-6 所示。

（1）切割参数

"切割参数"中所列出的是与机床控制相关的参数，其设置界面如图 2-3-7 所示。

图 2-3-6 切割菜单

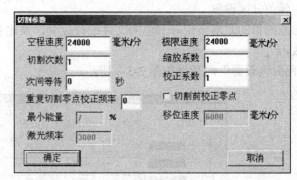

图 2-3-7 切割参数

① 极限速度

极限速度是激光切割时，机床激光头运动的最大运动速度。在这里只显示供参考，不可修改。

② 缩放系数

缩放系数用来调整图形对角线缩放比，大于 1 为放大，小于 1 为缩小。

③ 空程速度

空程速度是在机床不发射激光时的运动速度。

④ 校正系数

校正系数是当图形在 X 方向尺寸合适，在 Y 方向尺寸不合适时的调节系数。取值范围是 0.5～2 之间，大于 1 为放大，小于 1 为缩小，当 Y 方向尺寸合适，而 X 方向不合适时，先通过"缩放系数"使 X 方向尺寸合适,再通过"校正系数"使图形在 Y 方向尺寸合适。

⑤ 切割次数

切割次数的作用是设定控制软件对同一文件的重复加工次数。取值范围为 1~65536 次。该功能是专为大规模工业生产而设置的,可大大提高加工的流畅性,提升加工效率。

⑥ 次数等待

次数等待设定的是每一个加工循环之间机床的暂停时间。目的是为方便装换料等辅助工序。其取值范围是 1~65536 秒。

⑦ 重复切割零点校正频率

重复切割零点校正频率是由于步进电机驱动的开环控制系统在长时间加工的过程中,有一定的累积误差。"重复切割零点校正频率"的设置正是为了消除这种累积误差。该功能是实现长时间连续循环工作的有力保障。

该功能的频率值控制的是:每完成所设定数量的工作循环,光头会自动校正一次机械原点。

例如:"重复切割零点校正频率"设为 2,则机床每完成 2 次工作循环,在第 3、5、7、9……次循环工作前会进行一次原点校正。

注:没有安装机械原点的机床,该选项为灰色,不可使用。

⑧ 切割前矫正零点

选中该功能则在加工开始之前,机床会自动进行一次零点校正。

注:没有安装机械原点的机床,该选项为灰色不可使用。

所有切割参数软件会自动记忆,记忆的数值以最后关闭的绘图窗口中的设定值为准。

(2)颜色分区设置

该功能的目的是对指定好颜色的文件进行控制,设定各颜色间加工的先后顺序及加工速度等参数。

"颜色分区设置"对话框如图 2-3-8 所示。

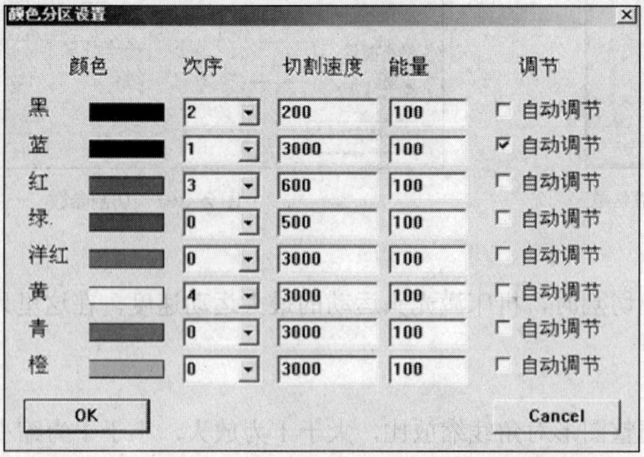

图 2-3-8 颜色分区设置界面

① 次序

次序是切割的先后顺序,"0"代表不切割该颜色,"1"为最先切割顺次,"8"为最后切割。

② 切割速度

颜色分区设置中的"切割速度"设定的是切割此颜色图形时的光头移动速度。

③ 能量（W）

能量是切割此颜色时的能量，为机床控制面板上能量设置的百分比。取值是 0～100，例如控制面板上设置的电流是 18 毫安，W 值是 60，则加工此颜色时的能量就是 18×60%=10.8 毫安。

④ 自动调节

"自动调节"的作用是：使切割此颜色时激光能量随速度线性变化，高速划线时选用此功能。切割加工时，取消此功能。

（3）启动切割

"启动切割"功能是使软件开始对图形进行加工的命令。

执行方法是：在软件中设置好其他加工参数后，点击"切割"菜单栏中的"启动切割"命令，或用鼠标点击工具栏中的"➤"。执行该命令后，机床将根据软件中设置的参数及加工方案进行加工。

提示：机床加工时，激光头与加工图形的相对位置关系为 X 方向光头相对于加工图形的位置与绘图窗口中图形的 X 坐标值一致；Y 方向光头处于加工图形的最上沿。在加工前，一定要将激光头移到材料相应位置才可加工。

（4）继续

"继续"功能是使用 PC－BASED 系统的机床为了使处于暂停状态的机床继续前面的加工而设置的。使用运动控制卡的机床该项无效。

（5）移动

"移动"功能是为使光头沿 X 轴或 Y 轴方向移动一个精确的距离而设立的。

具体操作方法是：使用"切割"菜单下的"移动"命令，或使用工具栏上的"Ｍ"工具。在出现的对话框中分别设置相应方向的位移距离便可以了。其中 X 方向正值为向右移动，负值为向左移动。Y 向前移动为正值，向后移动为负值（方向均为操作者面向机床时为准）。

（6）机械原点

"机械原点"功能是使机床光头回到机械原点进行校正。

操作方法：使用"切割"菜单下"机械原点"命令，或工具栏中"Ｚ"工具。

注：没有安装机械原点的机床，该选项为灰色不可使用。

五、实训练习

对绘制好或调用的图形进行加工参数及颜色分区设置。

项目三　典型零件加工

一、实训目的

1．了解激光切割机床的基本结构。

2．掌握激光切割的零件加工。

二、实训设备

1．CLS3500 激光切割机。

2．电脑、加工用木板。

三、相关知识

1. 激光切割机床的结构

（1）机床外部结构（见图 2-3-9）

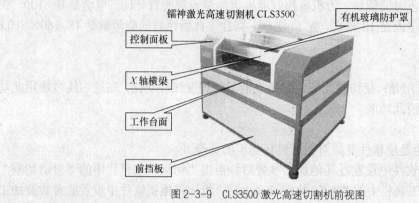

图 2-3-9　CLS3500 激光高速切割机前视图

（2）激光头局部放大图（见图 2-3-10）

（3）机床后部机构图（见图 2-3-11）

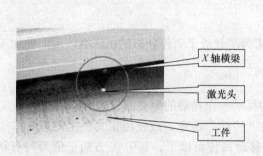

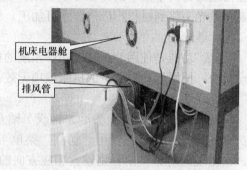

图 2-3-10　激光头局部放大图　　　　　　图 2-3-11　机床后部机构图

2. 操作面板示意（见图 2-3-12）

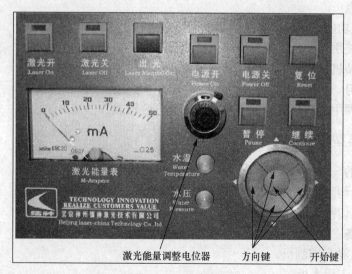

图 2-3-12　操作面板

四、实训内容与步骤

1. 图形准备

（1）将零件图 2-3-13 调出。

（2）对零件进行颜色设置。

在同一张图形中实现切割，为了保证切割或雕刻效果，切割顺序至关重要，根据切割要求在"编辑"菜单下钩选或去除"由内至外切割"选项。

在图形较复杂的时候我们可以将图形的线条设置成不同的颜色，再给不同的颜色设定切割顺序。

将外轮廓颜色设置成一个颜色，眼睛和嘴巴设置一个颜色。

图 2-3-13 零件图

（3）设置加工参数。

通过"缩放系数"来设定切割图形的大小。再设置一下"切割次数"，切割次数多了后切割面的光洁度会降低。我们这里就设为 1 就行了。

（4）颜色分区设置

对不同颜色的区域设置加工顺序。将红色的次序号改成 1，将黑色的次序号改成 2，其余的可都定为 0。在速度设置项中我们把速度均改慢一些，这样才能保证将材料切穿。能量可选用 100 不变，其自动调节选项的作用是可以在切割过弯处自动调节，可避免转折处切割过深。

2. 机床操作

（1）打开机床的空气开关：接通外部电源。

（2）打开气泵和风机开关：控制面板上的"电源开关"键指示灯点亮。同时控制电路中的 5V、12V、36V 亦接通。

（3）在控制面板上按"电源开"键，其绿色指示灯点亮。此时"激光关"指示灯为红色。

（4）按"激光开"其绿色批示灯点亮。此时"激光关"指示灯熄灭。

（5）预热 5 分钟，检查冷却水是否正常，在潮湿环境中，预热时间应更长。

（6）让机床空运行一会，进入软件，把要切割或雕刻的图形编辑好。

（7）放好工件，调好气嘴与工件间的距离，并摆好光头的零点（本机为自由零点设置，切割前光头所处位置，便是加工零点）。切割软件的零点默认设置是图形的左上角。加工时应将光头移动到材料的左上角位置开始加工。

（8）在机床上按"开始"键进行切割，或是在软件中选择"切割"菜单下的"启动切割"，或是在软件界面中选择" ➤ "开始切割。此时机床会有微颤，属正常现象。

① 切割过程中如果需要暂停，按面板上的"暂停/继续"键，光头将停止运动。当需要从刚才的暂停点继续加工时，再次点击控制面板上的"暂停/继续"键，机床从刚才暂停位置继续加工。当需要放弃刚才的暂停点，将整个文件重新加工时，按下复位键即可。

② 当遇到紧急情况时，请拍下机床上的红色"急停"按钮（没有"急停"按钮的机型切断空气开关）。此时机床将断电停止运作。待排除险情后，须按以下步骤操作。

a. 用电脑上的"RESET"键重新起动电脑。重新启动软件。

b. 开启机床，调入文件，更换材料，重新开始加工。

（9）加工完毕后关机，其步骤如下，切不可颠倒顺序。

① 点击"激光关"按钮，关闭激光电源。

② 点击"电源关"按钮，关闭机床电源。

③ 关气泵。

④ 关排风。

⑤ 关闭空气开关。

五、实训练习

绘制图形或者调用零件图形进行加工。

第3章 现代测量技术技能训练

第一节 三坐标测量机

项目一 三坐标测量基本操作

一、实训目的

1. 学习了解三坐标测量机的基本结构。

2. 掌握三坐标测量机测量程序的建立及测头的校验。

二、实训设备

活动桥式 GLOBAL5.7.5 三坐标测量机。

三、相关知识

三坐标测量机作为一种高精度的通用测量设备已经有了几十年的发展历史，其在工业生产领域中的使用越来越为广泛，也越来越受到生产型企业的重视。尤其在模具行业，三坐标测量机是模具工业设计、开发、加工制造和质量保证的重要手段。

四、实训内容与步骤

本节介绍的三坐标测量机为活动桥式 GLOBAL 系列三坐标测量机（如图 3-1-1 所示）。

1. 测量程序的建立

（1）双击 PC-DMIS 桌面快捷键，打开 PC-DMIS 程序。还可以选择"开始"按钮打开PC-DMIS。然后依次选择程序"PC-DMIS For "online，将出现打开文件对话框。如果以前创建了零件程序，可以从该对话框中加载。

（2）点击"取消"按钮，关闭该对话框，为新建零件程序做准备。

（3）点击"文件"、"新建"按钮，打开新建零件程序对话框，如图 3-1-2 所示。

（4）在零件名文本框处输入"demo"，此名称为新建程序的程序名，是必填内容；修订号、序号为选填内容，主要用于进一步描述工作的类型，例如：所测工件的工序等；在接口处的下拉框中选 CMM1（Coordinate Measurement Machine，是联机的意思）；测量单位选"毫米"，点击"确定"。

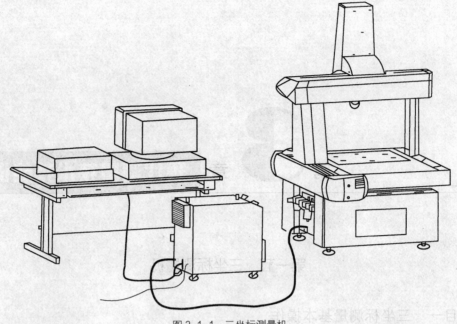

图 3-1-1 三坐标测量机

（5）这时就创建了一个名为"demo"的程序，扩展名为"*.prg"。

2. 测头的校验

（1）检验测头的目的

在对工件程序检测之前，需对所使用的测杆进行校验。

在进行工件测量时，在程序中出现的数值是软件记录测杆红宝石球心的位置，但实际是红宝石球表面接触工件，这就需要对实际的接触点与软件记录的位置沿着测点矢量方向进行测头半径、位置的补偿。通过校验，消除以下 3 方面的误差。

图 3-1-2 新建零件程序对话框

① 理论测针半径与实际测针半径之间的误差。

② 理论测杆长度与实际测杆长度的误差。

③ 测头旋转角度之误差。

通过检验消除以上 3 个误差，得到正确的补偿值。因此校验结果的准确度，直接影响工件的检测结果。

（2）测头的校验

① 测杆的校验

a. 路径：在 PC-DMIS 菜单中依次点击插入→硬件定义→测头。

b. 操作方法及步骤

定义测头文件：在文本框"测头文件"一栏中填入"DEMO"，建立名字为 DEMO 的测头文件。

测头定义系统：在"测头说明"下拉菜单中选当前测量机上所用的测头系统。

测头系统共分为 3 大部分。

测座（PROBE）：PH9、PH10、PH10MQ、MH20I。

传感器（PROBE）：TP2、TP20、TP200、SP600M 等。

测杆（TIP）：PS17R（ϕ4×20mm）、PS35R（ϕ2×20mmSHNK）等如图 3-1-3 所示。

根据工件的实际测量需要，在测座与传感器之间会有加长杆 EXTENT（PEL）、转接 CONVERT（PAA1、PAA2 等），在传感器与测杆之间还可以连接转接（SA2、SA3 等）、加长杆（SE4、SE5、GF40 等）。

现以测座（PROBE）PH10MQ、转接（CONVERT）PAA1、传感器（PROBE）TP2000、测杆（TIP）PS17R（ϕ4×20mm）为例配置测头文件。根据测量机 Z 轴以下的实际配置，从测座开始由下拉菜单中选择。此时，在右边的窗口会有相应的图形出现，你可以在此进行查证、对比，直到整个系统配置完毕。

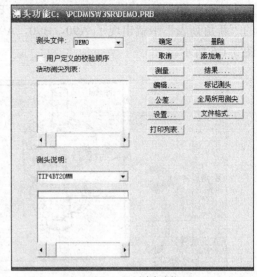

图 3-1-3　测头功能

② 注意事项

a. 配置测头文件时，必须已知实际测头组件的型号、规格，逐级进行选择。

b. 需清楚几个英文单词的含义：测座——PROBE、转接——CONVERT、测杆——TIP、加长杆——EXTENT。

c. 逐级进行选择时，要注意光标的位置。选择哪个项目，应将光标选中。

3. 添加角度

根据工件的装夹位置，需要进行测头角度的添加，点击功能按钮"添加角度"，又弹出了一个新界面，如图 3-1-4 所示。

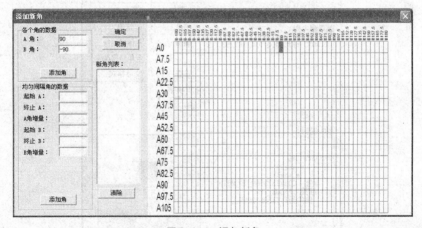

图 3-1-4　添加新角

在键入新角度时，首先需了解什么是 A 角、B 角。工件测量过程中使用的每一个角度都是由 A 角、B 角构成的，绕机器坐标系 X 轴旋转的定义为 B 角，应用范围为-180～+180 度。角度的正负判定，根据右手法则：拇指指向 X 轴正方向，顺四指旋转角度为正，反之为负角。对于机动测座（PH10MQ，PH9，PH100），A 角 B 角是以 7.5 度为一个分度进行旋转，如图 3-1-5 所示。

在"各个角的数据"文本框中输入您想要添加的角度，例如：A 角为 90，B 角为 90；再点击"添加角"按钮；再填入 A 角为 90，B 角为-90；再点击"添加角"按钮，此时在右边的"新角列表"中就出现了 A90，B90，A90，B-90 两个角度；然后单击"确定"按钮，如图 3-1-6 所示。

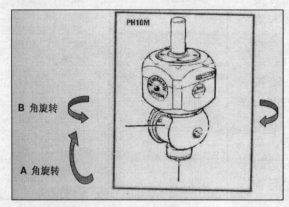

图 3-1-5　测座旋转

图 3-1-6　添加新角

4. 配置校验参数

当添加好角度后，在"测头功能"对话框中的"活动测尖列表"中有了 3 个测头角度。且每个角度前面都带有一个"*"号，这表示此角度还未进行校验。配置校验参数，需点击"测量"按钮，如图 3-1-7 所示。

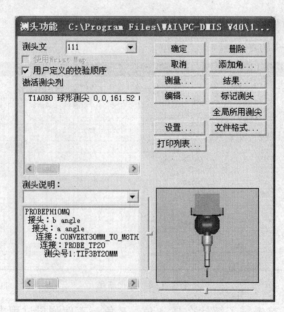

图 3-1-7　测头功能

在"测点数"、"逼近/回退距离"、"移动速度"、"接触速度"栏中分别添入：

测点数为 9；逼近/回退距离为 3；移动速度为 20；接触速度为 3。选择"DCC"模式，如图 3-1-8 所示。

在校验模式文本框中，选择"用户定义模式"选项，"层数"、"起始角"、"终止角"文本框中键入相应数值，如图 3-1-9 所示。

图 3-1-8　测量测头

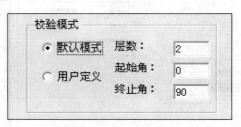

图 3-1-9　校验模式

"可用工具列表"选项，是用来定义校验工具的。可根据实际情况添加、删除、编辑校验工具，如图 3-1-10 所示。

点击"添加工具"按钮，出现"添加工具"界面，如图 3-1-11 所示。

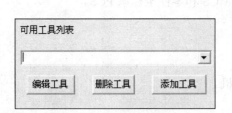

图 3-1-10　可用工具列表　　　　图 3-1-11　添加工具

需在"工具标识"、"柱测尖矢量 I"、"柱测尖矢量 J"、"柱测尖矢量 K"、"直径/长度"文本框中键入所用标准球的相关信息。假设我们使用的校验球的支撑杆是竖直向上的，其直径是 24.9781 毫米。参数配置完毕，点击"确定"按钮，则"添加工具"界面自动关闭；再点击"测量"按钮，PC-DMIS 会提示你在标准球的正上方触测一点，然后开始自动校验。

5. 查看结果

当 CMM 自动校验结束后，"测头功能"列表中所有校验过的角度前面的星号都去掉了，你可以通过此法查看有无漏校的角度，如图 3-1-12 所示。

当点击"结果"按钮后，所有角度的校验结果都出现了，如图 3-1-13 所示。

你可以查看结果，若某角度校验结果超差，PC-DMIS 会自动弹出提示框，显示超差的角度，您需要重新校验，方法及步骤同上。

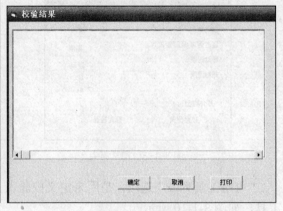

图 3-1-12　测头功能　　　　　　　　　　图 3-1-13　校验结果

五、实训练习

1．三坐标测量机基本操作练习。

2．三坐标测量机测量程序的建立、参数的设置等操作练习。

项目二　典型零件测量

一、实训目的

1．了解三坐标测量机特征元素的手动测量。

2．了解三坐标测量机的机床坐标系 MCS 和零件坐标系 PCS。

3．掌握三坐标测量机坐标系的建立。

4．掌握三坐标测量机零件的测量。

二、实训设备

活动桥式 GLOBAL5.7.5 三坐标测量机。

三、相关知识

PC-DIMS 测量软件可设计企业级解决方案，对于工件的检测它始终贯穿设计、制造到最终检测的一整套关于测量数据的收集和管理的计量手段。PCDMIS 软件的运行模式共分两种：手动模式、DCC 模式（自动模式）。手动模式测量的元素类型：点、直线、平面、圆、圆柱、圆锥、球。

四、实训内容与步骤

1．三坐标测量机的特征元素的手动测量

（1）进行特征推测（智能特征评价）

对于特征元素的手动测量，PC-DIMS 采用了智能判别模式。在测量元素时不需要严格的指定被测元素的类型（例如：带内孔、圆等）。当测量完一个特征元素后，按操纵盒上的"DONE"键（如果机器安装了操纵盒）或键盘上的"DONE"键，PC-DIMS 即可自动判别测量元素的类型。例如：以最少点数（不在同一直线上的 3 点）测量一个圆，测量点数动态地显示在状态条中，一旦测量了足够的测量点数后，按操纵盒上的"DONE"按钮（如果机器上安装了操纵盒）或键盘上的 Enter 键，则测量结果将被显示在编辑窗口中，同时在视图窗口中出现所测量的圆。

（2）平面的测量（Measure a plane）

在要测量的平面上采 3 个测点，这 3 个测点尽最大范围地分布在所测平面上。在采第 3 个测点后按 "DONE" 键，PC-DMIS 将在 "图形显示" 窗口用特征标识和三角形表示测量的平面，并同时在 "编辑窗口" 记录该平面的相关信息。

（3）如何测量一条线

要测量直线，首先要选择合适的工作平面。在功能演示块的前端面上采两个测点，测量时的顺序非常重要，因为 PC-DMIS 使用该信息来创建该直线的方向。在采完第二个测点后按 "DONE" 键。PC-DMIS 将在 "图形显示" 窗口显示特征标识和被测直线，并同时在 "编辑窗口" 中记录该直线的相关信息。

（4）如何测量一个圆

首先要选择合适的工作平面，将测头移动到一个圆的中心。将测头降到孔中并测量该圆，在弧长近似相等的圆周上采 4 个测点。在采完最后一个测点后，按 "DONE" 键。PCDMIS 在 "图形显示" 窗口中显示特征标识和被测圆，并同时在 "编辑窗口" 中记录该圆的相关信息。

2．三坐标测量机坐标系的建立

（1）工作原理

① 回家：每次开启控制柜，系统自检完毕，机器加电后，进入 PCDMIS，软件提示您 "回家"，如图 3-1-14 所示。

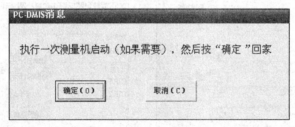

图 3-1-14　PC-DMIS 消息

单击 "确定" 后，CMM 的三个轴将会依次回到机械的零点，这个过程称之为 "回家"。

② 机床坐标系 MCS 和零件坐标系 PCS

在未建立坐标系前，所采集的每一个特征元素的坐标值都是在机器坐标系下。通过一系列计算，将机床坐标系下的数值转化为相对于工件检测基准的过程称为建立工件坐标系。

（2）3-2-1 法建立坐标系

首先分析一下，此零件坐标系三轴方向是这样确定的：Z 轴正方向由 "平面 1" 的法线矢量确定；X 轴正方向是由圆 1 圆心与圆 2 圆心的连线确定；Z 轴的零点落在 "平面 1" 上，X、Y 轴的零点在圆 "CIR1" 的圆心上。

3-2-1 法主要应用于 PCS 的原点在工件本身及机器的行程范围内能找到的工件，是一种通用的方法。又称之为 "面、线、点" 法。

① 工作原理

"3" 不在同一直线上的 3 点能确定一个平面，利用此平面的法线矢量确定一个坐标轴方向即找平。

"2"两个点可确定一条线，此直线可以围绕已确定的第一个轴向进行旋转，以此来确定第二个轴向即旋转。

"1"一个点，用于确立坐标系某一轴向的原点。

利用平面、直线、点分别确定三个轴向的零点即平移。

以上就是 PC-DMIS "3-2-1" 法建立 PCS 的工作原理。

② 步骤

a. 采集特征元素：在功能块的上面测量平面 1。

b. 找正：在菜单中依次选"插入"→"坐标系"→"新建"，然后打开"坐标系功能"对话框，如图 3-1-15 所示。在特征元素列表中选"平面 1"，然后选择第一个坐标轴为 Z 正，点击"找正"按钮，此时，您就通过"平面 1"的法线矢量确定了第一个轴向 Z 正。

c. 测量的两个圆："CIR1"、"CIR2"。

d. 旋转：围绕着已确定的第一个轴旋转，旋转到"CIR1"与圆"CIR2"圆心连线的位置，确定第二个轴向。在特征元素列表中选"CIR1"、"CIR2"，然后选"围绕 Z 正"→"旋转到 X 正"，点击"旋转"即可，如图 3-1-16 所示。

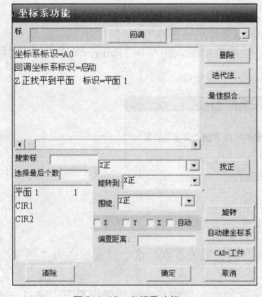

图 3-1-15　坐标系功能一

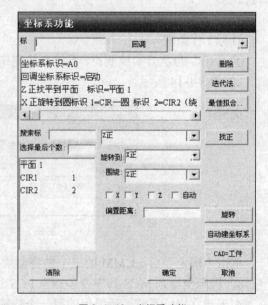

图 3-1-16　坐标系功能二

e. 平移：在特征元素列表中选"CIR1"，在原点处选"X、Y"，点击"原点"按钮，X、Y 的零点平移到"CIR1"处，如图 3-1-17 所示。

f. 选择"平面 1"，只选中"Z"，单击"原点"，Z 轴的零点平移到"平面 1"上，如图 3-1-18 所示。

g. 单击"确定"。

至此，你已经运用"3-2-1 法建立了一个零件坐标系。此方法还可以引伸为一个平面、两个圆或一个圆柱、两个圆（球）等的零件坐标系的建立，取决于工作的检测要求。

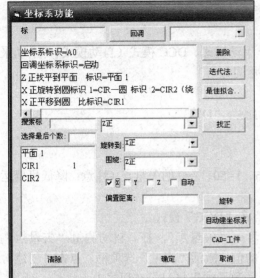

图 3-1-17 坐标系功能三

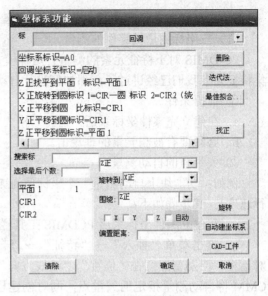

图 3-1-18 坐标系功能四

③ 注意事项

a. 在手动测量特征元素时，必须考虑元素的工作平面（投影平面），如何采集才能反映特征元素的真实情况。

b. 若使用面、线、点建立 PCS，用平面确定轴向，第一步要先"找平"，然后分步操作。

c. 采集特征元素时，要注意保证最大范围包容所测元素并均匀分布。

④ 验证坐标系

PCS 建立完毕之后，如何验证其正确性，方法如下。

a. 粗略检验。原点：将测头移动到 PCS 的原点处，查看 PCDMIS 界面右下角"X、Y、Z"三轴坐标值，若三轴坐标值近似为零，则证明原点正确。轴向：将其中两个坐标轴锁定，只移动未锁定的坐标轴，查看坐标值的变化，验证轴向是否正确。

b. 一个成功的、完整的坐标系建立完毕，在程序中应该有三句话。

找正：平面的法线矢量。

旋转：围绕已找到的第一个轴向，旋转到直线位置，找到第二个轴向。

平移：分别确定三个坐标轴的零点。

图 3-1-19 所示为坐标系验证后显示的内容。

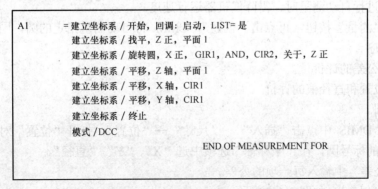

```
A1    =建立坐标系 / 开始，回调：启动，LIST= 是
       建立坐标系 / 找平，Z 正，平面 1
       建立坐标系 / 旋转圆，X 正，GIR1，AND，CIR2，关于，Z 正
       建立坐标系 / 平移，Z 轴，平面 1
       建立坐标系 / 平移，X 轴，CIR1
       建立坐标系 / 平移，Y 轴，CIR1
       建立坐标系 / 终止
       模式 /DCC
                                      END OF MEASUREMENT FOR
```

图 3-1-19 坐标系验证后的内容

3. 三坐标测量机零件的测量及形位公差的评价

（1）三坐标测量机零件的测量

PC-DMIS 对于特征元素的测量有两种模式：手动模式、DCC 模式（自动模式），手动采集特征元素我们已经讲过了，那如何进行自动测量呢？

① 前提条件

a. 在建立完零件坐标系后，需将"模式"切换为"DCC"。

b. 必须要有被测元素的理论值。

② 矢量点的自动测量

例如：功能块上自动测量一个坐标值为 $X=25$、$Y=50$、$Z=0$ 的矢量点（注意：降低机器运行速度）。其步骤如下：

a. 在建立零件坐标系后 PCDMIS 工具栏上点击"DCC"模式。

b. 点击菜单"插入"→"特征"→"自动"→"矢量点"，打开自动测量"矢量点"对话框，特别要注意在"位置"、"法线方向"中的值，激活"测量"选项框，点击"创建"，CMM 将自动测量指定的矢量点，同时创建程序，测量结果将记录在程序中。

③ 圆的自动测量

例题：在功能块上自动测量一个圆心坐标为 $X=24.5$、$Y=76.2$、$Z=0$，直径是 25.4mm 的圆。

a. 在 PC-DMIS 工具栏上点击"DCC 模式"。

b. 点击"插入"→"特征"→"自动"→"圆"，打开"自动测量圆"对话框。

c. 在"位置中心"文本框中键入所要测量圆的理论圆心位置；在 "属性"选项中键入理论直径及测量的角度范围；在"触测"选项中键入"测点数"、"深度"等参数；在"方位"选项中定义"法线矢量"、"角矢量"。

"法线矢量"是被测圆的矢量方向（打完圆后，测头抬起的方向），假设被测圆的工作平面为 Z 正，则法线矢量为"0、0、1"，给定了正确的法线方向，圆的投影面就可以确定。

"角矢量"定义为起始角的 0° 位置。测量有缺口的圆时，一般我们将角矢量指向缺口；也理解为测量圆时第一个打点的位置；如工作平面为 Z 正，测量角范围"0°～360°"，角矢量为"1、0、0"，表示第一个点落在平行于 X 轴的位置。"触测"选项中的"起始"、"永久"、"间隙"定义了在采集圆时是否所在圆的表面打 3 点；"起始"、"永久"文本框中均填入数字：0 或 3。

起始：若为 3，则第一次创建程序时，测表面 3 点；反之，不采 3 点。

永久：若为 3，则以后运行程序时，都要采表面 3 点；反之，不采 3 点。

间隙：表面 3 点离圆弧的最短距离。

注意：在进行自动测量时，需降低机器运行速度。

d. 点击"测量"按钮，再点击"创建"，CMM 将自动测量指定的圆，同时在编辑窗口创建此圆的程序。

（2）形位公差的评价

① 圆的位置和直径值的评价

a. 测量圆。

b. 在 PC-DMIS 中点击"插入"→"尺寸"→"位置"，打开"位置"对话框，选择所要评价的元素的标号圆，在"坐标轴"选项中选"X"、"Y"、"直径"。

c. 在"公差"中输入每一项的公差。

d. 点击"创建"，如图 3-1-20 所示。

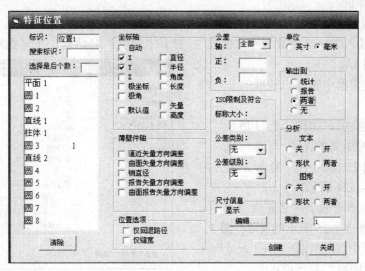

图 3-1-20　特征位置

②平面度的评价

a．在工件上测量一个平面——"平面 1"（注意：测量平面时至少要测量 4 个点）。

b．点击"插入"→"尺寸"→"平面度"，打开"平面度"对话框，在元素列表中选择所要评价的元素标号"平面 1"，如图 3-1-21 所示。

c．"公差"框中输入平面度的公差带 0.01。

d．点击"创建"。

③ 直线度的评价

a．在工件上测量一条直线："直线 1"（注意：测量直线时至少要测量 3 个点）。

b．点击"插入"→"尺寸"→"直线度"，打开"直线度"对话框，在元素列表中选择所要评价的元素标号："直线 1"。

c．在"公差"框中输入直线度的公差带 0.01。

d．点击"创建"，如图 3-1-22 所示。

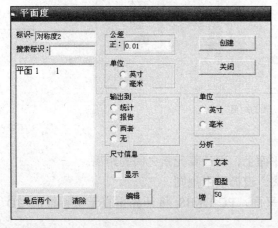

图 3-1-21　平面度

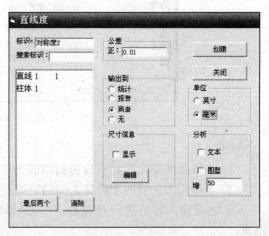

图 3-1-22　直线度

④ 圆度的评价

a. 在工件上测量一个圆："圆 1"（注意：测量圆时至少要测量 4 个点）。

b. 点击"插入"→"尺寸"→"圆度"，打开"圆度"对话框，在元素列表中所要评价的元素标号"圆 1"。

c. 在"公差"框中输入直线度的公差带 0.01。

d. 点击"创建"，如图 3-1-23 所示。

⑤ 圆与圆的距离的评价

要求评价圆 2 与圆 3 在平行于 X 轴方向的距离，如图 3-1-24 所示。

a. 当前的工作平面是"Z 正"；

b. 测量如图 3-1-25 所示的圆 2、圆 3；

c. 在主菜单中点击"插入"→"尺寸"→"距离"，打开"距离"对话框；

d. 在元素列表中选择的"圆 2"、"圆 3"；

e. 在"距离类型"选"2 维"，在"关系"中选"按 X 轴"，方位选"平行于"；

f. 在公差框中输入正负公差"0.1"、"-0.1"；

g. 点击"创建"，如图 3-1-24 所示。

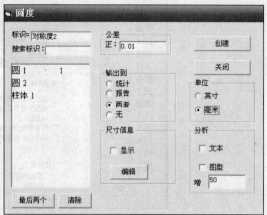

图 3-1-23 圆度

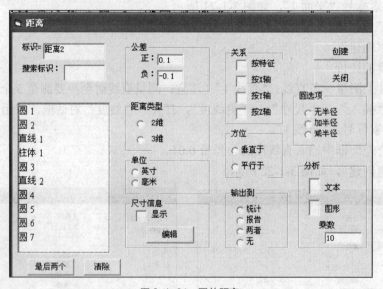

图 3-1-24 圆的距离

注意：

（1）2 维距离是先把元素投影到当前工作平面上，再计算元素之间的距离。

（2）3 维用于计算两个特征之间的三维距离。遵循以下规则。

① 如果输入特征之一是直线、中心线或平面，PC-DMIS 将计算垂直于该特征的 3D 距离；

② 如果两个特征都是直线、中心线或平面，则将第二个特征用作基准；

③ 如果两个输入特征都不是直线、中心线或平面，PC-DIMS 将计算两个特征之间的最短距离。

4. 生成、编辑数据报告和图形报告

（1）检测数据报告的生成并存盘

测量如图 3-1-25 所示特征元素，求出圆 1，圆 2 沿 X 方向的距离以及圆 3 的位置及直径，制出数据报告并存盘。

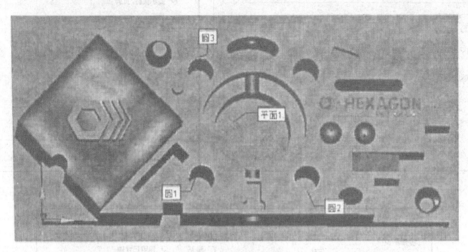

图 3-1-25　特征元素

① 建立如图 3-1-25 所示坐标系，然后测量圆 1、圆 2、圆 3；

② 点击"编辑"→"参数选择"→"参数"（或直接按"F10"），打开参数设置对话框；

③ 选择如图 3-1-26 所示选项，设置完成后按"确定"关闭对话框；

④ 分别在尺寸评价中，评价圆 1、圆 2 的距离和圆 3 的位置及直径；

⑤ 点击"编辑"→"参数选择"→"编辑窗口布局"，打开"编辑窗口布局设置"对话框；

⑥ 设置完成后按"确定"关闭对话框；

⑦ 在工具栏中选"报告模式"，将编辑窗口切换到报告模式，你可以看到如图 3-1-27 所示的检测报告；

⑧ 在主菜单中点击"文件"→"打印"→"编辑窗口设置"，可按图 3-1-27 所示设置，设置完后按"确定"。

⑨ 点击"文件"→"打印"→"-编辑窗口打印"，你的结果就会存储到指定的位置（如果在以上设置中你选中了打印机，那么此时结果即被打印出来）。

（2）制作有关以上评价尺寸的图形报告

① 首先要按照上面的做法生成相关的数据报告。

② 在主菜单中点击"插入"→"报告信息"→"尺寸信息"，打开"尺寸信息"对话框，如图 3-1-28 所示。

③ 在尺寸信息对话框中可作如图 3-1-28 所示设置，设置完成后，点击"创建"、"确定"。

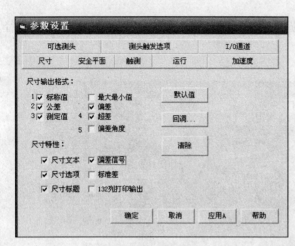

图 3-1-26 参数设置

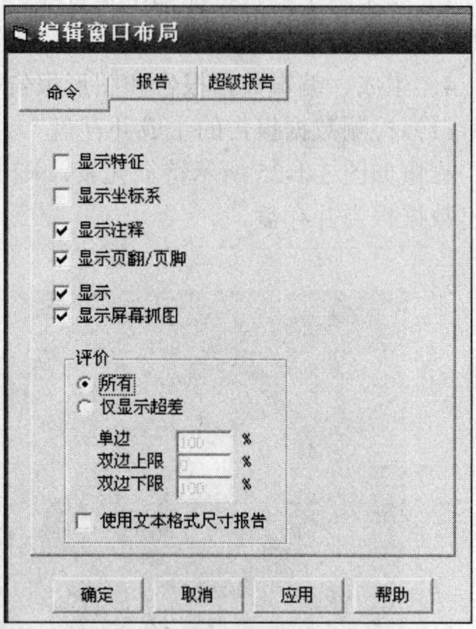

图 3-1-27 编辑窗口布局

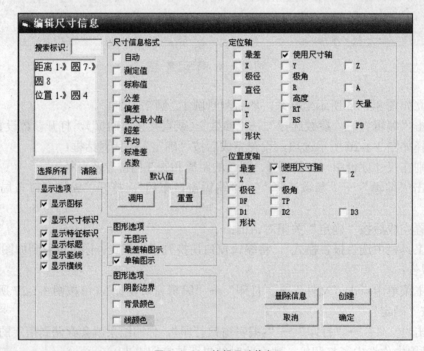

图 3-1-28 编辑尺寸信息

此时，在图形显示窗口中你可以看到所显示的图形报告。

五、实训练习

1．用"3-2-1"方法建立工件坐标系，反复练习。

2．典型零件的各个元素的测量练习。

3．对工件结果进行查看。

项目三　型腔类零件测量（选修）

一、实训目的

掌握三坐标测量机对型腔类零件的测量。

二、实训设备

活动桥式 GLOBAL5.7.5 三坐标测量机。

三、相关知识

PC-DMIS 测量软件可设计企业级解决方案，对于工件的检测它始终贯穿设计、制造到最终检测的一整套关于测量数据的收集和管理的计量手段。PC-DMIS 软件的运行模式共分两种：手动模式、DCC 模式（自动模式）。测量的元素类型：点、直线、平面、圆、圆柱、圆锥、球。

四、实训内容与步骤

1. 建立测量程序。
2. 对所有需要的侧头、角度进行校正并保存。
3. 建立工件坐标系。
4. 按照上节"圆"的测量方法进行测量。

五、实训练习

对实训室内各类的型腔类的工件进行测量练习。

第二节　对 刀 仪

项目一　开机与调试

一、实训目的

1. 了解对刀仪的基本结构。
2. 了解对刀仪的基本维护知识。
3. 掌握对刀仪的基本操作。

二、实训设备

DTJ II 1540 对刀仪

三、相关知识

对刀仪是加工中心及各种数控机床必备的测量仪器，它可以在机外完成对刀具切削刃径向和轴向坐标尺寸的精密测量，从而减少机床的试切次数和停机调整时间，提高工作效率，保证机床的加工质量，并可实现刀具管理现代化。对刀仪还可以测量刀尖角度、刃口质量及盘类刀具的径向跳动等参数。本节介绍的对刀仪为 DTJ II 1540 型。

四、实训内容与步骤

1. 对刀仪的基本结构

对刀仪由基座、底座、主轴、投影屏、电气系统、立柱共 6 个部件组成，如图 3-2-1 所示。

（1）基座

对刀仪安装在基座的大理石台面上，基座由钢板焊接而成。在基座上放置仪器电气控制系统，并设有两个抽屉，可放置各种工具和附件。

（2）底座

底座为仪器的基础部件，左端放置主轴部件，上平面为 X 向移动的导轨面，滑板在水平导轨上移动，滑板上固定有立柱。滑板移动时通过光栅检测系统可测出刀具的径向坐标尺寸 R，转动手轮使滑板左右移动。

（3）立柱

立柱为安装 Z 向移动滑板的部件，其滑板在垂直导轨上移动。滑板上固定有投影屏，滑板移动通过光栅检测系统可测出被测刀具的轴向坐标尺寸 L；逆时针转动手柄松开滑板，可上下移动滑板；顺时针转动手柄可将滑板锁紧，此时可旋动旋钮使滑板微调。

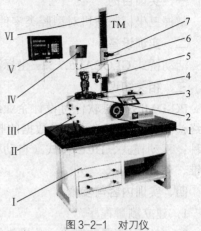

图 3-2-1 对刀仪

（4）主轴

主轴采用高精度滚珠轴承。被测刀具安装于主轴锥孔内，转动手轮使倒刀尖轮廓清晰地成像在投影屏上后，右拨手柄可将主轴锁紧，使其位置固定。

（5）投影屏

投影屏用来瞄准被测刀具的刀尖，通过光学系统将刀尖轮廓放大 20 倍成像于影屏上，可提高瞄准精度。固定影屏上刻有十字虚线和 360° 刻度；旋转分化板上刻有十字线，游标及 R0.2，0.4，0.8，1.0，1.5，2.0，2.5 的圆弧线，转动滚花轮，使旋转分化板转动，可测量刀尖的投影角度。

2. 对刀仪的标准测量棒的用途及校准

（1）标准测量棒的用途

标准测量棒是机床本身自带的，有两个基本数据，半径方向和直径方向的标准数据，分别是 D17.162，L117.492，这两数据的主要作用就是找出机床的标准零点，以便于刀具的测量，每次测量刀具前都需要重新校准标准棒。

（2）对刀仪开机

① 数显表后面板上的"电源"开关拨到位置 1，数显表亮，仪表进行自检。自检完成后，数显表显示"x.xxx"即进入工作状态。

② 校准零点

转动主轴，使零点棒侧面钢球的轮廓线达到最清晰位置。移动 X 坐标，使钢球的轮廓线与光屏的垂直线相切，按数显表上的"D"键，再按数字键，输入零点棒所刻 R17.162，按"Enter"键，使输入值储存在内存。

移动 Z 坐标，使零点棒顶端钢球的最高点与投影屏的水平线相切，按"L"键，再按数字键输入零点棒所刻的 L117.492，按"Enter"键，使输入值储存在内存。

3. 维护保养

（1）在运输、安装和使用过程中应注意防震、防尘和防潮。

（2）外露光学零件应保持清洁，如有灰尘或其他污物，可用洗耳球吹掉，或用小木棍裹脱脂棉沾少量酒精或汽油轻轻擦拭，切勿用手或棉纱等擦拭。

（3）光学、电器部件不得随意拆卸。如有故障应由专人负责修理。在拔插光栅插头时，必须先关闭电源，以免损坏光栅传感器和电源。

（4）仪器无防护层的表面，如主轴锥孔、端面及零点棒锥面应仔细维护，防止磕碰及锈蚀。不用时应用优质汽油擦干净，涂上防锈蚀油。

（5）视使用频繁程度，每隔 3~6 个月，打开立柱防尘罩，通过滚动导轨滑块上的油杯注入少许 20 号机油。松开防尘罩旋钮，将防尘罩推开露出油杯后，在油杯内及丝杠上加入少量润滑油。

五、实训练习

1．熟悉对刀仪的基本结构。

2．熟练操作对刀仪。

项目二　键槽铣刀直径测量

一、实训目的

掌握用对刀仪测量键槽铣刀直径的测量方法。

二、实训设备

DTJ Ⅱ 1540 对刀仪。

三、相关知识

对刀仪是加工中心及各种数控机床必备的测量仪器，它可以在机外完成对刀具切削刃径向和轴向坐标尺寸的精密测量，从而减少机床的试切次数和停机调整时间，提高工作效率，保证机床的加工质量，并可实现刀具管理现代化，本节介绍键槽铣刀直径的测量方法。

四、实训内容步骤

键槽铣刀直径的测量：对刀仪开机校零后将被测刀具的锥柄擦净后，插入主轴锥孔，按"锁紧"开关将刀具锁紧；移动立柱及垂直滑板，使被测刀具的最高点分别对准光屏的水平及垂直刻线，此时数显表显示的 X、Z 值即刃口半径值和轴向长度值。

五、实训练习

利用对刀仪对实训室内不同直径大小的键槽铣刀进行测量练习。

项目三　镗刀测量（选修）

一、实训目的

掌握用对刀仪测量镗刀的测量方法。

二、实训设备

DTJ Ⅱ 1540 对刀仪。

三、相关知识

对刀仪是加工中心及各种数控机床必备的测量仪器，它可以在机外完成对刀具切削刃径向和轴向坐标尺寸的精密测量，从而减少机床的试切次数和停机调整时间，提高工作效率，保证机床的加工质量，并可实现刀具管理现代化，本节介绍镗刀的测量方法。

四、实训内容步骤

镗刀直径的测量：对刀仪开机校零后将被测刀具的锥柄擦净后，插入主轴锥孔，按"锁紧"开关将刀具锁紧；移动立柱及垂直滑板，使被测刀具的最高点分别对准光屏的水平及垂直刻线，此时数显表显示的 X、Z 值即刃口半径值和轴向长度值。

五、实训练习

利用对刀仪对实训室内不同直径大小的镗刀进行测量练习。

第 **4** 章 数控机床拆装与维修技能训练

第一节 数控机床拆装

项目一 数控铣床主轴拆装

一、实训目的

学习主轴的相关知识，掌握主轴简单故障的排除和维护。

二、实训设备

安装式主轴。

三、相关知识

1. 主轴简介

机床主轴指的是机床上带动工件或刀具旋转的轴。通常由主轴、轴承和传动件（齿轮或带轮）等组成主轴部件。数控机床主轴系统是数控机床的主运动传动系统，数控机床主轴运动是机床成型运动之一，它的精度决定了零件的加工精度。主轴部件的运动精度和结构刚度是决定加工质量和切削效率的重要因素。

衡量主轴部件性能的指标主要是旋转精度、刚度和速度适应性。旋转精度：主轴旋转时在影响加工精度的方向上出现的径向和轴向跳动（见形位公差），主要决定于主轴和轴承的制造和装配质量。动、静刚度：主要决定于主轴的弯曲刚度，轴承的刚度和阻尼。速度适应性：允许的最高转速和转速范围，主要决定于轴承的结构、润滑以及散热条件。

2. 主轴动作过程

主轴动作分为卸刀和装刀两个部分（主轴结构如图 4-1-1 所示）。

（1）主轴卸刀过程如下。

① 换刀时，松刀气缸的活塞向下移动，顶动拉杆向下移动，碟形垫片被压缩。

② 当夹头随拉杆一起下移进入主轴孔中直径较大处时，夹头就不再能约束拉钉的头部，紧接着拉杆前端内孔的台肩端面碰到拉钉，把刀夹顶松。

③ 此时行程开关发出信号，换刀机械手随即将刀柄取下。

④ 压缩空气由管接头经活塞和拉杆的中心通孔吹入主轴装刀孔内，把切屑或赃物清除干净，以保证刀具的装夹精度。

（2）主轴装刀过程如下。

① 机械手把新刀装上主轴后，液压缸接通回油，推动活塞上移。

② 拉杆在碟形垫片的作用下向上移动。

③ 装在拉杆前端的夹紧套进入主轴孔中直径较小处，被迫径向收拢而卡进拉钉的环形凹槽内，因而刀柄拉紧紧固在主轴上。

3. 主轴部件的维护与保养

主轴部件是数控机床机械部分中的重要组成部件，主要由主轴、轴承、主轴准停装置、自动夹紧和切屑清除装置组成。数控机床主轴部件的润滑、冷却与密封是机床使用和维护过程中值得重视的几个问题。

（1）良好的润滑效果，可以降低轴承的工作温度和延长使用寿命。为此，在操作使用中要注意到：低速时，采用油脂、油液循环润滑，高速时采用油雾、油气润滑方式。但是，在采用油脂润滑时，主轴轴承的封入量通常为轴承空间容积的10%，切忌随意填满，因为油脂过多，会加剧主轴发热。对于油液循环润滑，在操作使用中要做到每天检查主轴润滑恒温油箱，看油量是否充足。如果油量不够，则应及时添加润滑油，同时要注意检查润滑油温度范围是否合适。

为了保证主轴有良好的润滑，减少摩擦发热。同时又能把主轴组件的热量带走，通常采用循环式润滑系统，用液压泵强力供油润滑，使用油温控制器控制油箱油液温度。高档数控机床主轴轴承采用了高级油脂封存方式润滑，每加一次油脂可以使用7～10年。新型的润滑冷却方式不单要减少轴承温升，还要减少轴承内外圈的温差，以保证主轴热变形小。

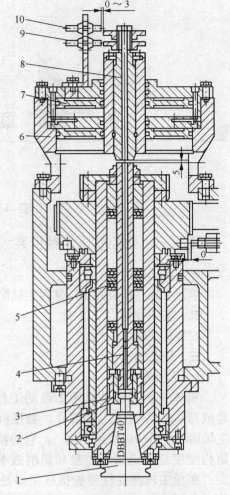

1—刀柄 2—刀爪 3—内套 4—拉杆 5—弹簧
6—气缸 7—活塞 8—压杆 9—撞块 10—行程开关

图 4-1-1 主轴结构图

（2）主轴部件的冷却，主要是以减少轴承发热，有效控制热源为主。

（3）主轴部件的密封，则不仅要防止灰尘、屑末和切削液进入主轴部件，还要防止润滑油的泄漏。主轴部件的密封有接触式和非接触式密封。对于采用油毡圈和耐油橡胶密封圈的接触式密封，要注意检查其老化和破损；对于非接触式密封，为了防止泄漏，重要的是保证回油能够尽快排掉，要保证回油孔的通畅。

综上所述，在数控机床的使用和维护过程中必须高度重视主轴部件的润滑、冷却与密封问题，并且仔细做好这方面的工作。

四、实训内容与步骤

1. 实训内容

（1）主轴的拆卸。

（2）主轴的维护。

（3）主轴的安装。

2. 实训步骤

当主轴受损需要更换时，应当先拆下原有主轴，再将新主轴组装好后，做完动平衡，再重新安装到机床上，才可以使用机床。这里应当注意，新主轴的零件可以使用原主轴上尚好的零部件，比如完好的轴承等，但是组装完后，应该做动平衡试验，然后才可以用，如果动平衡不好的话，那么噪音相当大，而且轴承等零部件易损坏。

（1）主轴的拆卸步骤如下。

① 先拿下顶部气缸，再拧下叠簧压块，注意叠簧压块里面有紧固用的顶丝，应先松掉顶丝再松螺纹，再拿下碟形垫片和档圈。

② 要想拆下主轴芯部，就得先拿下带轮，而带轮又用背紧螺母压着，先拧下背紧螺母的压紧螺钉，然后拆下背紧螺母，取下平键，这样皮带轮就可以卸下来了。

③ 要拿下主轴芯部——包括柱体及内、外套的整个部件，这个步骤至少需要两个人，一个人拆掉轴承端盖螺钉，一个人注意保护，用手托住主轴柱体底部，当轴承端盖被卸下来后，主轴芯就可以掉下来，这时两个人同时在下面扶着主轴芯部，如果芯部拿不下来，可以用铜棒轻轻地在上面往下敲，最后拿下主轴芯部。

（2）主轴的维护。

在安装主轴前，必须对主轴进行维护，主要包括以下几点。

① 将拉杆和推杆相互拧紧——它俩靠螺纹连接。

② 用汽油清洗壳体内壁和主轴外套，以免安装时有杂质进入，影响配合质量，这时主轴外套和壳体内壁为过盈配合。

③ 碟形垫片由于机床长期使用而布满油性灰尘，应用汽油或煤油清洗干净。

④ 给轴承上润滑油，由于主轴高速旋转会产生高温，所以最好用锂基脂或钠基脂，同时要检查向心推力轴承方向，为背靠背式安装。

（3）主轴的安装步骤如下。

① 主轴做完动平衡后，就可以安装主轴了。

② 将拉杆、推杆、柱体、轴承、内套、外套按图装配好。

③ 两个人托着从壳体的下方往上装，另一个人上紧轴承端盖，主轴轴芯就不会掉下来了。

④ 再依次安装带轮、背紧螺母、挡圈、碟形垫片、压块。

⑤ 安装好压缩气缸，整个主轴就算装好了。

五、实训练习

1. 学生练习主轴拆卸和安装。

2. 学生对主轴在工作过程中经常出现的故障现象及其原因进行简单的分析。

项目二　数控铣床刀库拆装

一、实训目的

学习斗笠式刀库的相关知识，掌握斗笠式刀库简单故障的排除和维护。

二、实训设备

LV30S 08T 斗笠式刀库。

三、相关知识

1. 刀库简介

刀库系统是提供自动化加工过程中所需储刀及换刀需求的一种装置，其自动换刀机构及可以储放多把刀具的刀库，改变了传统以人为主的生产方式。藉由电脑程式的控制，可以完成各种不同的加工需求，如铣削、钻孔、搪孔、攻牙等。大幅缩短加工时程，降低生产成本；这是刀库系统的最大特点。

刀库主要是提供储刀位置，并能依程式的控制，正确选择刀具加以定位，以进行刀具交换；换刀机构则是执行刀具交换的动作。刀库必须与换刀机构同时存在，若无刀库则加工所需刀具无法事先储备；若无换刀机构，则加工所需刀具无法自刀库依序更换，而失去降低非切削时间的目的。此二者在功能及运用上相辅相成，缺一不可。

2. 斗笠式刀库的动作过程（刀库元件分解图如图 4-1-2 所示）

斗笠式刀库在换刀时整个刀库向主轴平行移动，首先，取下主轴上原有刀具，当主轴上的刀具进入刀库的卡槽时，主轴向上移动脱离刀具。其次主轴安装新刀具，这时刀库转动，当目标刀具正对主轴正下方时，主轴下移，使刀具进入主轴锥孔内，刀具夹紧后，刀库退回原来的位置，换刀结束。刀库具体动作过程如下。

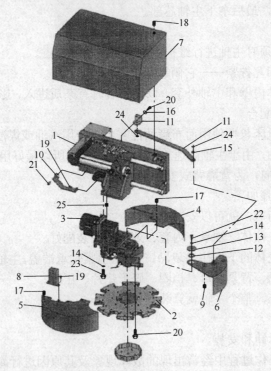

1—滑动元件　2—刀盘元件　3—驱动元件　4—转盘右罩　5—转盘左罩　6—门罩　7—外罩　8—支架
9—门盖支撑块　10—外固定架　11—拉杆　12—门盖垫片　13—门盖固定片　14—M8 弹簧垫圈
15—拉杆支撑轴　16—M6 平垫圈　17—M6 皿头螺栓　18—M6 半圆头螺栓　19—M6*1.0P*10L
20—M6*1.0P*55L　21—M8*1.25P*12L　22—M8*1.25P*20L　23—M8*1.25P*30L
24—M12C 型扣环　25—M8*18L 直销

图 4-1-2　刀库元件分解图

（1）刀库处于正常状态，此时刀库停留在远离主轴中心的位置。此位置一般安装有信号传感器（为了方便理解，定义为 A），传感器 A 发送信号输送到数控机床的 PLC 中，对刀库状态进行确认。

（2）数控系统对指令的目标刀具号和当前主轴的刀具号进行分析。如果目标刀具号和当前主轴刀具号一致，直接发出换刀完成信号。如果目标刀具号和当前主轴刀具号不一致，启动换刀程序，进入下一步。

（3）主轴沿 Z 方向移动到安全位置。一般安全位置定义为 Z 轴的第一参考点位置，同时主轴完成定位动作，并保持定位状态；主轴定位常常通过检测主轴所带的位置编码器一转信号来完成。

（4）刀库平行向主轴位置移动。刀库刀具中心和主轴中心线在一条直线上时为换刀位置，位置到达通过信号传感器（B）反馈信号到数控系统 PLC 进行确认。

（5）主轴向下移动到刀具交换位置。一般刀具交换位置定义为 Z 轴的第二参考点，在此位置将当前主轴上的刀具还回到刀库中。

（6）刀库抓刀确认后，主轴吹气松刀。机床在主轴部分安装松刀确认传感器（C），数控机床 PLC 接收到传感器 C 发送的反馈信号后，确认本步动作执行完成，允许下一步动作开始。

（7）主轴抬起到 Z 轴参考点位置。此操作目的是防止刀库转动时，刀库和主轴发生干涉。

（8）刀库旋转使能。数控系统发出刀库电机正/反转启动信号，启动刀库电机的转动，找到指令要求更换的目标刀具，并使此刀具位置的中心与主轴中心在一条直线上。

（9）主轴下移到 Z 轴的第二参考点位置，进行抓刀动作。

（10）主轴刀具加紧。加紧传感器发出确认信号。

（11）刀库向远离主轴中心位置侧平移，直到 PLC 接收到传感器 A 发出的反馈确认信号。

（12）主轴定位解除，换刀操作完成。

3. 刀库的维修与维护

加工中心采用斗笠式刀库换刀，一般刀库的平移过程通过气缸动作来实现，所以在刀库动作过程中，保证气压的充足与稳定非常重要，操作者开机前首先要检查机床的压缩空气压力，保证压力稳定在要求范围内。对于刀库出现的其他电气问题，维修人员参照机床的电气图册，通过分析斗笠式刀库的动作过程，一定能找出原因，解决问题，保证设备的正常运转。

刀库及换刀机械手的维护要点如下。

（1）严禁把超重、超长的刀具装入刀库，防止在机械手换刀时掉刀或刀具与工件、夹具等发生碰撞。

（2）顺序选刀方式必须注意刀具放置在刀库中的顺序要正确，其他选刀方式也要注意所换刀具是否与所需刀具一致，防止换错刀具导致事故发生。

（3）用手动方式往刀库上装刀时，要确保装到位，装牢靠，并检查刀座上的锁紧装置是否可靠。

（4）经常检查刀库的回零位置是否正确，检查机床主轴回换刀点位置是否到位，发现问题要及时调整，否则不能完成换刀动作。

（5）要注意保持刀具、刀柄和刀套的清洁。

（6）开机时，应先使刀库和机械手空运行，检查各部分工作是否正常，特别是行程开关和电磁阀能否正常动作。检查机械手液压系统的压力是否正常，刀具在机械手上锁紧是否可靠，发现不正常时应及时处理。

四、实训内容与步骤

1. 实训内容

（1）刀库的拆卸。

（2）刀库的装配。

2. 实训步骤

（1）刀库的拆卸步骤如下。

① 拆下刀库外盖。

② 拆下号码盖，松开螺丝，取下刀盘。

③ 拆下转盘右罩、转盘左罩和门罩。

④ 拆下刀库电机，拆下减速机，取下同步带。

⑤ 拆下感应块，拆下轴承座，取出轴承压盖。用铜棒将凸轮轴敲出，取下凸轮。

⑥ 拆下分度元件，松开锁紧螺帽，用铜棒将刀盘心轴敲出，将分度盘从轴承座上取下。

⑦ 拆下螺丝，将转盘座取下。

⑧ 拆下气压缸、气缸固定杆、新球面轴承座，将鱼眼轴承取出，拆下连接座。

⑨ 拆下滑杆，将滑座从滑杆上取下。

（2）刀库的装配步骤如下。

装配时将所有零件清洗干净，传动部件上润滑脂，按拆卸反顺序装配。

五、实训练习

1. 学生练习刀库拆卸和安装。

2. 学生对刀库经常出现的故障现象及其原因进行简单的分析。

项目三　数控车床刀架拆装（选修）

一、实训目的

学习电动刀架的相关知识，掌握回转刀架简单故障的排除和维护。

二、实训设备

四方回转刀架。

三、相关知识

1. 刀架简介

数控车床的刀架是机床的重要组成部分。刀架用于夹持切削用的刀具，因此其结构直接影响机床的切削性能和切削效率。在一定程度上，刀架的结构和性能体现了机床的设计和制造技术水平。随着数控车床的不断发展，刀架结构形式也在不断翻新。其中按换刀方式的不同，数控车床的刀架系统主要有回转刀架、排式刀架和带刀库的自动换刀装置等多种形式。

自 1958 年首次研制成功数控加工中心自动换刀装置以来，自动换刀装置的机械结构和控制方式不断得到改进和完善。自动换刀装置是加工中心的重要执行机构，它的形式多种多样，目前常见的有回转刀架换刀、更换主轴头换刀以及带刀库的自动换刀系统。

2. 电动刀架的分类

根据装刀数量的不同，自动回转刀架有四工位（见图 4-1-3）、六工位和八工位等多种形式。根据安装方式的不同，自动回转刀架可分

图 4-1-3　四方回转刀架

为立式和卧式两种。根据机械定位方式的不同，自动回转刀架又可分为端齿盘定位型和三齿盘定位型等。其中端齿盘定位型换刀时刀架需抬起，换刀速度较慢且密封性较差，但其结构较简单。三齿盘定位型又叫免抬型，其特点是换刀时刀架不抬起，因此换刀时速度快且密封性好，但其结构较复杂。

3. 电动刀架的特点

四方回转刀架采用蜗杆副传动，端齿盘啮合，大螺杆锁紧，霍尔元件或编码器发信的工作原理。具有转位平稳，刚性好，噪音小，多刀位，承受偏载力大，带内冷却装置的特点，可一次完成多项加工工序，是加工复杂零件的最佳选择。自动回转刀架在结构上必须具有良好的强度和刚性，以承受粗加工时的切削抗力。为了保证转位具有高的重复定位精度，自动回转刀架还要选择可靠的定位方案和合理的定位结构。自动回转刀架的自动换刀是由控制系统和驱动电路来实现的。

4. 电动刀架动作过程

电动刀架换刀包括以下几个步骤。

(1) 松开：需要换刀时，控制系统发出刀架转位信号，三相异步电机正向旋转。电动机与刀架内一蜗杆相连，刀架电动机转动时，与蜗杆配套的涡轮转动。此涡轮与一条丝杠为一体（称为"涡轮丝杠"），当丝杠转动时涡轮会上升（与丝杠旋合的螺母与刀架是一体的，当松开时刀架不动作，所以丝杠会上升），丝杠上升后使位于丝杠上端的压板上升即松开上刀体。上刀体与下刀体之间的端面齿慢慢脱开。

(2) 换刀：上刀体与下刀体松开后，丝杠继续转动，刀架在摩擦力的作用下与丝杠一起转动即换刀。

(3) 定位：在刀架的每一个刀位上有一个用永磁铁做的感应器，上刀体带动磁铁转到需要的刀位时，发信盘上对应的霍尔元件输出低电平信号，控制系统收到后，立即控制刀架电动机反转，上盖圆盘通过圆柱销带动上刀体开始反转，反靠销马上就会落入反靠圆盘的十字槽内，至此，完成粗定位。

(4) 锁紧：刀架是用类似于棘轮的机构装的，只能沿一个方向旋转。当丝杠反转时刀架不能动作，丝杠就带着压板向下运动将刀架锁紧，换刀完成（电动机的反转时间是系统参数设定的，不能过长，不能太短，太短刀架不能锁紧，太长电动机容易烧坏）。

四、实训内容与步骤

1. 实训内容

(1) 车床刀架的拆卸。

(2) 车床刀架的装配。

2. 实训步骤

(1) 拆卸顺序（图 4-1-4 所示为电动刀架装配图）。

① 拆下闷头 5，用内六角扳手顺时针转动蜗杆 11，使夹紧轮松开。

② 拆下铝盖 18、罩座 19。

③ 拆下刀位线，拆下小螺母 21，取出发讯盘 22。

④ 拆下大螺母 16、止退圈 15，取出键，轴承。

⑤ 取出离合盘 14、离合销 23 及弹簧。

⑥ 夹住反靠销 24，逆时针旋转刀体，取出上刀体 13。

⑦ 拆下电机罩 26，电机，联接座 25，轴承盖 4，蜗杆 11。

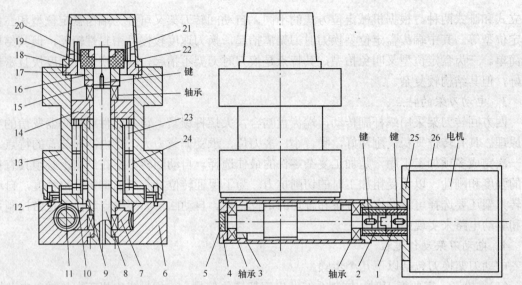

1—右联轴器；2—左联轴器；3—调整垫；4—轴承盖；5—闷头；6—下刀体；7—蜗轮；8—定轴；9—螺杆；10—反靠盘；
11—蜗杆；12—外齿圈；13—上刀体；14—离合器；15—止退圈；16—大螺母；17—罩座；18—铝盖；
19—发讯支座；20—磁钢；21—小螺母；22—发讯盘；23—离合销；24—反靠销；25—联接座；26—电机罩

图 4-1-4 LD4B（HAK21）装配图

⑧ 拆下螺钉，取出定轴 8、蜗轮 7、螺杆 9、轴承。

⑨ 拆下反靠盘 10，防护圈。

⑩ 拆下外齿圈 12，夹紧轮，取出反靠销 24。

（2）装配顺序

① 装配时将所有零件清洗干净，传动部件上润滑脂。

② 按拆卸反顺序装配。

五、实训练习

1. 学生练习刀架拆卸和装配。

2. 学生对刀架经常出现的故障现象及其原因进行简单的分析。

第二节 FANUC 系统维修实验台

项目一 变频器参数设置

一、实训目的

掌握 RS-SY-0i C/0i mate C 数控综合维修试验台变频器参数设置。

二、实训设备

1. RS-SY-0i C/0i mate C 数控综合维修试验台 4 台。

2. 电源线若干。

三、相关知识

1. 本试验台采用的是三菱公司生产的 FR-S500 变频器，是具有免测速机矢量控制功能的通用型变频器。它可以计算出所需输出电流及频率的变化量以维持所期望的电机转速，而不受负载条件变化的影响。

2. 通常交流变频器将普通电网的交流电能变为直流电能，再根据需要转换成相应的交流电能，驱动电机运转。电机的运转信息可以通过相应的传感元件反馈至变频器进行闭环调节。

变频器电源接线位于变频器的左下侧，单相交流电 AC220V 供电，接线端子 L1、N 及接地 PE。

变频器电机接线位于变频器的右下侧，接线端子 U、V、W 及接地 PE 引线接三相电动机。

3．变频器的操作面板说明，如图 4-2-1 所示。

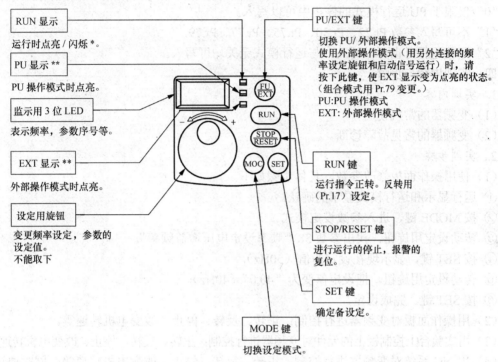

图 4-2-1　变频器的操作面板

4．三菱变频器的功能参数，如表 4-2-1 所示。

表 4-2-1　　　　　　　　　　三菱变频器的功能参数表

参数	显示	名称	设定范围	最小设定单位	出厂时设定	参照页	客户设定值
0	P 0	转矩提升	0～15%	0.1%	6%	39	
1	P 1	上限频率	0～120Hz	0.1Hz	50Hz	40	
2	P 2	下限频率	0～120Hz	0.1Hz	0Hz	40	
3	P 3	基波频率	0～120Hz	0.1Hz	50Hz	41	
4*	P 4	3 速设定（高速）	0～120Hz	0.1Hz	50Hz	42	
5*	P 5	3 速设定（中速）	0～120Hz	0.1Hz	30Hz	42	
6*	P 6	3 速设定（低速）	0～120Hz	0.1Hz	10Hz	42	
7	P 7	加速时间	0～999s	0.1s	5s	43	
8	P 8	减速时间	0～999s	0.1s	5s	43	
9	P 9	电子过电流保护	0～50A	0.1A	额定输出电流	45	
30*	P30	扩张功能显示选择	0，1	1	0	52	
79	P79	运行模式选择	0～4，7，8	1	0	78	

当 Pr.30 "扩张功能显示选择" 的设定值为 "1" 时，扩张功能参数有效，具体参数见使用手册（基本篇）。

5. 参数禁止写入功能

在变频器使用过程中为防止参数值被修改，可通过设定参数 Pr.77 "参数写入禁止选择"。

"0" 仅限于 PU 运行模式的停止中可以写入。

"1" 不可写入参数 Pr.22、Pr.30、Pr.75、Pr.77、Pr.79。

"2" 即使运行时也可以写入，与运行模式无关均可写入。

四、实训内容与步骤

1. 实训内容

（1）变频器的常规使用。

（2）变频器的常见故障诊断。

2. 实训步骤

（1）使用操作面板修改参数，具体步骤如下。

① 运行显示和运行模式显示的确认。

② 按 MODE 键，进入参数设定模式。

③ 转动设定用旋钮，找出参数 38 "频率设定电压增益频率"。

④ 按 SET 键，显示现在设定的值（50Hz）。

⑤ 转动设定用旋钮，把设定值变为 "40.0"（40Hz）。

⑥ 按 SET 键，完成设定。

（2）用操作面板对变频器进行控制：正转、反转、停止、改变电机转速等。

（3）用实验台上控制板上的元件对变频器进行控制：正转、反转、停止、改变电机转速等。

（4）用 NC 系统对变频器进行控制：正转、反转、停止、改变电机转速等，同时通过拨码开关断开主轴正转、反转、模拟量信号，观察主轴运行情况。

五、实训练习

如何判断是变频器自身故障？

（1）检查变频器是否有报警。

（2）检查 A、B、C 端子之间是否有状态变化。

项目二 限位参数设置

一、实训目的

掌握 RS-SY-0i C/0i mate C 数控综合维修试验台机床参数设置。

二、实训设备

1. RS-SY-0i C/0i mate C 数控综合维修试验台 4 台。

2. 电源线若干。

三、相关知识

1. 参数的分类（这里只介绍主要的几种）

FANUC 0I 系统主要包括以下参数：有关 "SETTING" 的参数、有关阅读机/穿孔机接口的参数、有关轴控制/设定单位的参数、有关坐标系的参数、有关储存行程检测参数、有关进给速度的参数、有关伺服的参数、有关显示及编辑的参数、有关编程的参数、有关螺距误差补偿的参数、有关主轴控制的参数、有关软操作面板的参数、有关基本功能的参数。

2. 参数的含义（这里只介绍几种，如表 4-2-2 所示，具体查看 FANUC 0I 参数使用说明书）

表 4-2-2　　　　　　　　　　　　　　机床参数表

参数号	#7	#6	#5	#4	#3	#2	#1	#0
8130	总控制轴数							
8131					AOV	EDC	FID	HPG
8132			SCL	SPK	IXC	BCD		TLF
8133				SYCIAP		SCS		SSC
8134								IAP

参数 8130：总控制轴数（设定此参数时，要切断一次电源）。

参数 8131（设定此参数时，要切断一次电源）。

HPG 手轮进给是否使用。

0：不使用。　　　1：使用。

FID F1 位的进给是否使用。

0：不使用。　　　1：使用。

EDC 外部加减速是否使用。

0：不使用。　　　1：使用。

AOV 自动拐角倍率是否使用。

0：不使用。　　　1：使用。

参数 8132（设定此参数时，要切断一次电源）。

TLF 是否使用刀长寿命管理。

0：不使用。　　　1：使用。

BCD 是否使用第 2 辅助功能。

0：不使用。　　　1：使用。

LXC 是否使用分度工作台。

0：不使用。　　　1：使用。

SPK 是否使用小直径深孔钻削循环。

0：不使用。　　　1：使用。

SCL 是否使用缩放。

0：不使用。　　　1：使用。

参数 8133（设定此参数时，要切断一次电源）。

SSC 是否使用恒定表面切削速度控制。

0：不使用。　　　1：使用。

SCS 是否使用 Cs 轮廓控制。

0：不使用。　　　1：使用。

SYC 是否使用主轴同步控制。

0：不使用。　　　1：使用。

参数 8134（设定此参数时，要切断一次电源）。

IAP 是否使用图形对话编程功能。

0：不使用。　　　1：使用。

四、实训内容与步骤

1. 实训内容

（1）显示参数。

（2）限位参数的设置。

2. 实训步骤

（1）参数显示的操作步骤如下。

① 按 MDI 面板上的功能键 SYSTEM 一次后，再按软键[PARAM]选择参数画面，如图 4-2-2 所示。

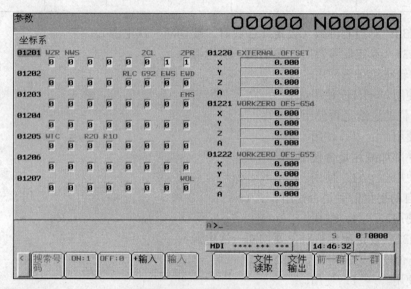

图 4-2-2　系统参数界面

② 参数画面由多面组成。通过 a，b 两种方法显示需要显示的参数所在的画面。

a. 有翻面键或光标移动键，显示需要的页面。

b. 从键盘输入想显示的参数号，然后按软键[NO.SRH]。这样可显示包括指定参数所在的页面，光标同时在指定参数的位置（数据部分变成反转文字显示）。

（2）限位参数的设置的操作步骤如下。

① 将 NC 置于 MDI 方式或急停状态。

② 用以下步骤使参数处于可写状态。

a. 按 SETTING 功能键多次后，再按软键[SETTING]，可显示 SETTING 画面的第 1 页。

b. 将光标移至"PARAMETER WRITE"处。

c. 按[OPRT]软键显示操作选择软键。

d. 按软键[ON：1]或输入 1，再按软键[INPUT]，使"PARAMETER WRITE"=1。这样参数成为可写入状态，同时 CNC 发生 P/S 报警 100（允许参数写入）。

③ 按功能键 SYSTEM 一次或多次后，再按软键[PARAM]，显示参数画面。

④ 输入限位参数 1320 和 1321 进行搜索，显示包含限位参数的画面，将光标置于限位参数的位置上。

⑤ 输入数据，然后按[INPUT]软键。输入的数据将被设定到光标指定的参数中。

⑥ 参数设定完毕。需将参数设定画面的"PARAMETER WRITE="设定为 0，禁止参数

设定。

⑦ 复位 CNC，解除 P/S 报警 100。但在设定参数时，有时会出现 P/S 报警 000（需切断电源），此时请关掉电源再开机。

五、实训练习

1. 请说明系统报警 P/S000 和 P/S001 的含义？

P/S000：参数可写入　　　P/S001：需要重新启动使参数生效

2. 如果机床在切削时使用恒定表面切削速度控制不起作用，应该首先检查哪个参数？

检查参数 8133（设定此参数时，要切断一次电源）。

SSC 是否使用恒定表面切削速度控制。

0：不使用。　　1：使用。

项目三　手轮参数设置

一、实训目的

掌握 RS-SY-0i C/0i mate C 数控综合维修试验台机床手轮参数设置。

二、实训设备

1. RS-SY-0i C/0i mate C 数控综合维修试验台 4 台。

2. 电源线若干。

三、相关知识

1. 机床参数简介

数控机床的参数在数控机床工作中占有重要地位，而且起着至关重要的作用。它完成数控系统与机床结构、机床各种功能的匹配，决定着数控机床的各种功能。这些参数在数控系统中按一定的功能组进行分类，例如伺服轴配置参数、速度参数、主轴参数、有关手轮进给的参数、显示设置参数以及数据传输参数等。

2. 手轮的作用

在数控机床的加工过程中，由于调整及慢速对刀的需要，通常需要频繁地使用手轮（如图 4-2-3 所示）来控制数控机床伺服轴的运动，因此，在数控机床的诸多故障中，手轮出现故障的次数较多，同时对该故障维修人员的维修水平要求也相对要高。使用手轮（即手摇脉冲发生器或手动脉波发生器）可实现数控机床伺服轴的运动。旋转手摇脉冲发生器时，可以使机床的伺服轴进行微量移动，因此，其主要用于数控机床伺服轴的微动调整（如对刀等）。

图 4-2-3　机床手轮

3. 手轮的工作原理

旋转手轮时，手轮会产生脉冲信号，并将其通过特殊的通道输入到数控系统，数控系统将根据脉冲信号的当量来控制伺服轴移动对应的距离。

所谓的脉冲当量，就是一个脉冲信号能使伺服轴移动的距离。手轮上一周共有 100 个等分刻度，每旋转一个刻度（一格），手轮就会产生一个脉冲信号，而一个脉冲当量与机床操作面板上的"手轮进给倍率选择开关"选中的倍率相对应。一般情况下，"手轮进给倍率选择开关"共有 4 个倍率档位，即有四种脉冲当量可供选择，它们是"最小输入增量×1"、"最小输入增量×10"、"最小输入增量×M"及"最小输入增量×N"。

4. 影响手轮正常工作的因素

原则上，影响手轮正常工作的因素应分为软件和硬件两个方面。

（1）硬件方面

影响手轮正常工作的硬件因素主要包括手轮装置的硬件连接以及手轮控制信号的连接是否正确。本文以配备有 FANUC 0i-mate-TD 数控系统的 CK0625 数控车床为例进行论述。

① 手轮装置的硬件连接

在 CK0625 数控车床上，手轮装置是通过机床 PMC 的 I/O 接口与数控系统之间进行连接的。其中，HA 和 HB 分别是手轮产生的相位差为 90°的脉冲信号。信号的数量与数控系统控制伺服运行的距离相对应；HA 和 HB 信号相位的超前或落后，则与数控系统控制伺服轴运行的方向对应。0 V 和+5 V 是手轮的工作电源，来自于数控系统侧，若该+5 V 电源丢失，那么，即使手轮旋转，也不会发出 HA 和 HB 的脉冲信号。可以通过接口信号状态显示页面某个接口信号地址的状态组合的变化，以监控手轮是否向数控系统发送 HA 和 HB 的脉冲信号。在文中提到的 CK0625 数控车床中，这个监控手轮信号状态的接口地址为 X20。那么，当手轮旋转并正常向数控系统输入 HA 和 HB 的脉冲信号时，地址 X20 的所有八位信号的状态都会发生"0"和"1"的变化。手轮背面的 HA1、HB1、+5V、0V 四个信号线与系统 I/O 接口侧插头 JA3 中的 1、2、9、12 端子相连接。

② 手轮控制信号的功能连接

硬件方面的另一类因素主要指手轮控制信号的功能连接是否正确。提到了数控机床的操作面板上与手轮工作有关的几个开关，它们将产生手轮工作时所需的控制信号，并通过信号线输入 PLC 的接口中。

（2）软件方面

软件方面主要指与手轮工作有关的参数设置是否正确。在 FANUC 0i-（mate）-D 系列数控系统中，与手轮工作有关的主要参数有 8131#0 及 7113#两个参数。其中，8131#0 用于定义是否使用手轮。当其被设置成 0 时，表示机床不使用手轮；设置成 1 时，表示机床使用手轮（需要注意的是：设定此参数后，继续操作前应关断电源，再开机）；而 7113#则是用来定义手轮进给倍率旋钮的档位为"最小输入增量×M"时的 M 值。

5. 常用的手轮参数（见表 4-2-3）

表 4-2-3　　　　　　　　　　　　　　手轮参数表

参数号	#7	#6	#5	#4	#3	#2	#1	#0
7100			MPX		HCL		THD	JHD
7102							HNAx	HNGx
7103					HIT	HNT	RTH	
7113	手轮进给的倍率 m（1～2000）							
7114	手轮进给的倍率 n（1～2000）							
7117	手轮进给的允许流量（0～999999999）							

JHD 设定是否在 JOG 进给方式下使手轮进给有效，是否在手轮进给方式下使增量进给有效。

0：无效。　　1：有效。

THD 设定 TEACH IN JOG 方式下的手动脉冲发生器。

0：无效。　　1：有效。

HCL 通过软键操作（软键［取消］）来清除手轮中断量的显示。

0：无效。　　1：有效。

MPX 设定手轮进给中，手轮移动量选择信号。

0：将第 1 台手摇脉冲发生器用的信号 MP1，MP2<G019.4，.5>作为各手摇脉冲发生器共同的信号来使用。

1：针对每台手摇脉冲发生器使用各自的手轮进给移动量选择信号。

HNGx 设定相对于手摇脉冲发生器旋转方向的每个轴的移动方向。

0：成为相同方向。　　1：成为相反方向。

HNAx 在手轮进给方向反转信号 HDN<Gn0347.1>=1 的情况下，相对于手摇脉冲发生器的旋转方向设定各轴的移动方向。

0：轴移动方向取与手摇脉冲发生器的旋转方向相同。

1：轴移动方向取与手摇脉冲发生器的旋转方向相反。

RTH 设定是否通过复位、紧急停止来取消手轮进给中断量。

0：不取消。　　1：取消。

HNT 设定增量进给/手轮进给的移动量的倍率，即为在手轮进给移动量选择信号（增量进给信号）（MP1、MP2）所选倍率的倍数。

0：1 倍。　　1：10 倍。

HIT 设定手轮进给中断的移动量的倍率，即为在手轮进给移动量选择信号（增量进给信号）（MP1、MP2）所选倍率的倍数。

0：1 倍。　　1：10 倍。

四、实训内容与步骤

1. 实训内容

（1）使用手轮完成机床运动，注意观察机床运动方向和手轮旋转方向。

（2）修改手轮参数。

2. 实训步骤

手轮参数修改的操作步骤如下。

① 按 MDI 面板上的功能键 SYSTEM 一次后，再按软键[PARAM]选择参数画面。

② 将 NC 置于 MDI 方式或急停状态，使参数处于可写状态。

③ 输入要修改的手轮参数搜索，显示包含手轮参数的画面，将光标置于参数的位置上。

④ 输入数据，然后按[INPUT]软键。输入的数据将被设定到光标指定的参数中。

⑤ 参数设定完毕。需将参数设定画面的"PARAMETER WRITE="设定为 0，禁止参数设定。

⑥ 复位 CNC，解除 P/S 报警 100。但在设定参数时，有时会出现 P/S 报警 000（需切断电源），此时请关掉电源再开机。

五、实训练习

分析手轮进给故障，当使用手轮无法控制数控机床伺服轴的运动时，可以根据上述对手轮工作条件的描述，来确定该故障的分析思路。

项目四　PLC 编写（选修）

一、实训目的

掌握 RS-SY-0i C/0i mate C 数控综合维修试验台 PLC 程序编写。

二、实训设备

1. RS-SY-0i C/0i mate C 数控综合维修试验台 4 台。

2. 电源线若干。

三、相关知识

1. PLC 程序设计是数控设计与调试的一个重要环节，是 NC 系统对机床及其外围部件进行逻辑控制的重要通道，同时也是外部逻辑信号对数控系统进行反馈的必由之路。通俗地说，是连接机床与数控系统的桥梁。PLC 程序的编制通过 PMC 编程软件来完成。

2. 本系统采用的 PLC 程序由两部分组成：第一级程序部分和第二级程序部分。第一级程序较长，那么总的执行时间就会延长。因而编制第一级程序时，应使其尽可能短。第二级程序每 8×Nms 执行一次。N 为第二级程序的分割数。程序编制完成后，在点击 CNC 调试中 RAM 传送时，第二级程序被自动分割，如图 4-2-4 所示。

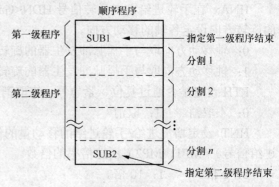

图 4-2-4 PLC 程序组成

（1）第一级程序仅处理短脉冲信号。这些信号包括急停、各轴超程、返回参考点减速、外部减速、跳步、到达测量位置和进给暂停信号。

（2）第二级程序的分割是为了执行第一级程序。当最后的第二级程序部分执行完后，程序又从头开始执行。这样当分割数为 n 时，一个循环的执行时间为 8nms（8ms×n）。第一级程序每 8ms 执行一次，第二级程序每 8×nms 执行一次。如果第一级程序的步数增加，那么在 8ms 内第二级程序动作的步数就要相应减少，分割数要变多，整个程序处理时间变长。因此，第一级程序应编得尽可能的短。

（3）PLC 程序中输入/输出信号的处理。

来自 CNC 侧的输入信号（M 代码，T 代码等）和机床侧的输入信号（循环启动，进给暂停等）传送至 PMC 中处理。作为 PMC 的输出信号，有向 CNC 侧的输出信号（循环启动，进给暂停等）和向机床侧的输出信号（刀架旋转，主轴停止等）。

（4）PLC 程序中的地址是用来区分信号的。不同的地址分别对应机床侧的输入、输出信号，CNC 侧的输入、输入信号，内部继电器，计数器，保持型继电器（PMC 参数）和数据表。每个地址由地址号和位号组成。在地址号的开头必须指定一个字母用来表示表中所列的信号类型。在功能指令中指定字节单位的地址时，位号可以省略。功能指令的含义参见《梯形图语言编程说明书》，如图 4-2-5 所示。

四、实训内容与步骤

1. 实训内容

（1）编一 PLC 程序，使用实验台上与输入信号相对应的拨动开关和与输出信号相对应的发光二极管呈一一对应关系。

（2）通过 CRT/MDI 上的按键，以梯形图形式把上面的程序输入系统。

（3）在实验台上验证所编程序的正确性。

2. 实验步骤

（1）根据实验内容的要求，编制一程序要求 X13.0～X13.7（或者 X1011.0～X1011.7），与 Y3.0～Y3.7（或者 Y1007.0～Y1007.7）中的各位成一一对应关系。

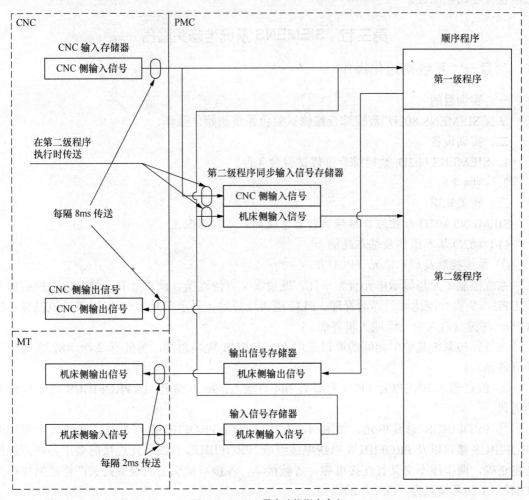

图 4-2-5　PLC 程序功能指令含义

（2）通过 CRT/MDI 上的按键，以梯形图形式把上面的程序输入系统。方法如下：

① 系统内部提供了内置编程器，将 PMC 参数 K17.1 设置为 1，激活 PMC 编程基本菜单。

② 按下 PMC 编程基本菜单中的软菜单[EDIT]、[LADDER]，显示编辑画面。

③ 把上面的程序输入系统。

④ 退出编辑画面，按下 RUN 键，执行 PLC 程序。

（3）在实验台上的 I/O 模块上，拨动对应的输入信号开关，观察所对应输出信号的发光二级管的变化。对出现的结果能想得通吗？重复这样的拨动，逐一验证各个输入信号。

五、实训练习

1. 为什么该系统中 PLC 程序的第一级程序应尽可能的短？

仅处理短脉冲信号。这些信号包括急停，各轴超程，返回参考点减速，外部减速，跳步，到达测量位置和进给暂停信号。

2. 用另一种方法编一程序，使每一位输入位动作时，激活相对应的输出位。并在实验台上验正程序的正确性。

第三节　SIEMENS 系统维修实验台

项目一　系统初始化操作

一、实训目的

掌握 SIEMENS 802D 数控综合维修试验台系统初始化操作。

二、实训设备

1. SIEMENS 802D 数控综合维修试验台 4 台。

2. 电脑 4 台。

三、相关知识

SIEMENS 802D 数控综合维修试验台系统的基本数据配置

（1）802D 基本组件及基本功能

① 系统控制及显示单元（PCU）。

系统控制单元与显示单元合为一体，既紧凑又方便连接。此单元有一块 486 工控机做主控 CPU，负责数控运算、界面管理、PLC 逻辑运算等。显示单元为一 10.4 英寸液晶显示屏（OP），与键盘输入单元组成人机界面。

该单元与系统其他单元间的通讯采用 PROFIBUS 现场总线，另外有 2 个 RS232 接口与外界通讯。

② PLC 输入/输出单元（PP）有最大 144 点输入，96 点输出。由 PROFIBUS 完成与 PCU 的通讯。

③ PROFIBUS 总线单元，如图 4-3-1 所示，由 PROFIBUS 子模块、各单元上相应的 PROFIBUS 接口以及 PROFIBUS 总线电缆组成。PROFIBUS 总线单元连接时要求各接点进出方向正确，两根线不交叉且连接可靠，屏蔽接牢。各接点插头上的设置开关严格遵循终端为"ON"，中间各接点为"OFF"的原则。

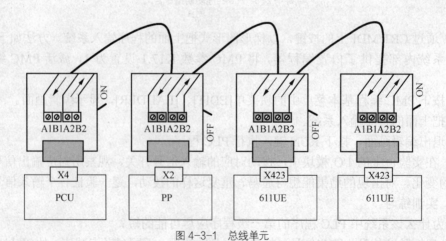

图 4-3-1　总线单元

④ SIMODIVE611U 数字伺服单元由电源模块、功率模块 611U、控制模块组成。其中

电源模块负责将 380V 交流电换成 600V 直流母线电源电压。

功率模块 611U，如图 4-3-2 所示。

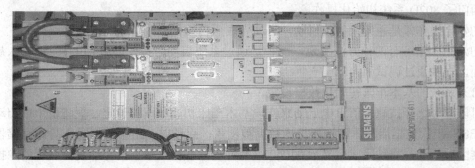

图 4-3-2　611U 功率模块

⑤ 伺服电机：通常由 1FK6/1FK7/1FT6/1PH 等电机组成，如图 4-3-3 所示。

图 4-3-3　伺服电机

（2）802D 系统的基本数据配置

802D 系统的数据存储有一套完整的保护，共分八级，如表 4-3-1 所示。硬件四级、软件密码四级。级 0 为最高，级 7 为最低，高级向低级兼容，即高级的可操作低级的操作。

表 4-3-1　　　　　　　　　　　　　　数据存储保护级表

保　护　级	保　护　方　式	激　活　方　法	说　明
0	密码		西门子保护级（西门子内部人员
1	密码		系统保护级
2	密码	密码：EVENING（缺省值）	机床制造商保护级
3	密码	密码：CUSTOMER（缺省值）	有资格用户保护级
4	硬件 PLC 接口	PLC-NCK 接口 V26000000.7	机床最终操作保护级
5	硬件 PLC 接口	PLC-NCK 接口 V26000000.6	机床最终操作保护级
6	硬件 PLC 接口	PLC-NCK 接口 V26000000.5	机床最终操作保护级
7	硬件 PLC 接口	PLC-NCK 接口 V26000000.4	机床最终操作保护级

802D 系统的级 0～级 3 密码设定激活后，可修改密码口令字。在激活后保护级一直保持，即使系统重新启动密码也不会复位，直到"删除密码"操作后复位。

四、实训内容与步骤

1. 实训内容

（1）系统的基本车床初始化数据设定。

（2）系统的基本铣床初始数据设定。

2．实训步骤

西门子 802D 系统初始化操作。

初始化操作即是系统缺省值启动，启动完成后初始化完成。

初始化操作可有两种方法实现，一种是通过系统启动时按住"SELECT"键进入启动方式界面，一种通过调试画面。

（1）系统的基本车床初始化数据设定。

可以通过选择按缺省值上电启动来实现基本车床初始数据的设定。缺省值上电启动是以 SIEMENS 出厂数据启动，制造商机床数据被覆盖。启动时，出厂数据写入静态存储器的工作数据区后启动，启动完成后显示 04060 已经装载标准机床数据报警，复位后可清除报警。

（2）系统的基本铣床初始化数据设定。

参照 802D 系统的数据保护当中的系统与计算机基本通讯操作，将铣床初始化文件 setup_M 传输给系统，注意必须敲入口令"EVENING"。传输完成后，系统重新上电，启动完成后将出现铣床画面，配置成功。

五、实训练习

1．练习系统的基本车床初始化数据设定。

2．练习系统的基本铣床初始化数据设定。

项目二　联机操作与参数设置

一、实训目的

掌握 SIEMENS 802D 数控综合维修试验台联机操作与参数设置。

二、实训设备

1．SIEMENS 802D 数控综合维修试验台 4 台。

2．电脑 4 台。

三、相关知识

西门子 802D 系统机床连机设置。

Simocom_U 伺服调试工具，是西门子公司开发的用于调试 Simocom_U 61U 的一个软件工具。其具有直观、快捷、易掌握的特点。利用 Simocom_U 可设定驱动器的基本参数，设定与电机和功率模块匹配的基本参数。

利用 Simocom_U 可实现对驱动器参数的优化；根据伺服电机实际拖动的机械部件，对 611U 速度控制器的参数进行自动优化。

利用 Simocom_U 可以监控驱动器的运行状态；电机实际电流和实际扭矩。Simocom_U 的主要画面说明如图 4-3-4 所示。

四、实训内容与步骤

1．实训内容

（1）联机操作。

（2）驱动器的调试。

2．实训步骤

（1）联机操作（备份铣床数据至电脑侧）。

① 连接 RS232 通讯电缆。

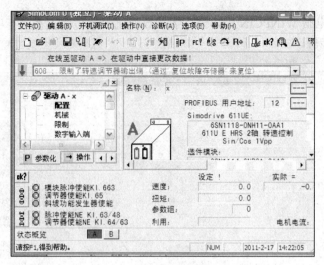

图 4-3-4 Simocom_U 的主要画面

② 按 ALT+N 键,进入系统操作区域。

③ 选择[数据入\出]功能软菜单键。

④ 按[RS232 设置]软菜单键,进入通讯接口参数设置画面,通过右侧菜单条[文本形式]、[二进制形式]。来选择通讯接口的传输数据格式,用▲光标键或▼光标键进行参数选择,通过 SELECT[选择转换]键改变参数设定值,按[存储]软菜单键。

⑤ 电脑上启动 WINPCIN 软件,点击 Binary Format 按钮选择二进制格式,点击 Rs232 config 按钮设置接口参数。将接口参数设定为 PC 格式,点击 Save&Activate 按钮保存并激活设定的通信接口参数,点击 Back 按钮返回接口配置设定功能,如图 4-3-5 所示。

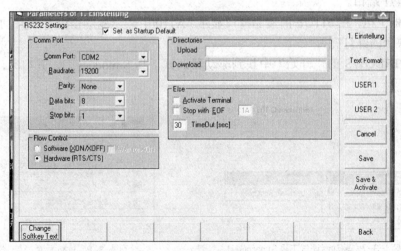

图 4-3-5 配置设定画面

⑥ 在 Winpcin 软件中点击 Send Date 按钮。选择文件双击发送,如图 4-3-6 所示。

⑦ 在 802D 系统上数据选择功能中,通过上下光标移动键选择至试车 PC 一行,按读出软菜单键。

⑧ 在传输时,在 802D 上会有一数据输出在进行中对话框弹出,并有传输字节数变化以表示正在传输进行中,可以用[停止]软菜单键停止传输。传输完成后可用[错误登记]软菜单键

查看传输记录。在电脑 WINPCIN 中，会有字节数变化表示传输正在进行中，可以点击 Aborl Transfer 按钮停止步骤。

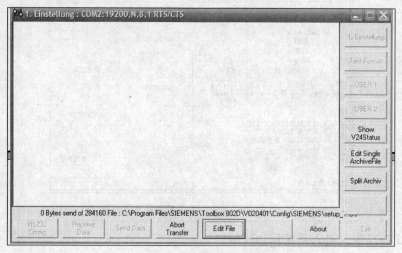

图 4-3-6　文件发送画面

⑨ 在传输结束后，802D 上对话框消失。在电脑 WINPCIN 中，有时会自动停止，有时要点击 Aborl Transfer 按钮停止传输。

（2）驱动器的调试

驱动器的调试由以下步骤完成。

① 在断电的情况下（台式电脑要拔下电源插头），用 RS232 电缆连接 PC 的 COM 口与 611U 上的 X471 端口。

② 驱动器上电，在 611UE 的液晶窗口显示"A1106"表示驱动器没有数据，R/F 红灯亮；总线接口模块上的红灯亮。

③ 从 WINDOWS 的"开始"中找到驱动器调试工具 Simocom_U，并启动，如图 4-3-7 所示。

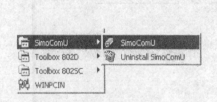

图 4-3-7　驱动器调试工具 Simocom_U

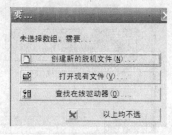

图 4-3-8　连机方式

④ 选择连机方式，如图 4-3-8 所示。

⑤ 进入连接画面后，自动进入参数设定画面，如图 4-3-9 所示。

⑥ 定义驱动器的名称：通常可以用轴的名称来定义，如该驱动器用于 X 轴我们可以添入 XK7124-X，如图 4-3-10 所示。

⑦ 输入 PROFIBUS 总线地址。

⑧ 设定电机型号，如图 4-3-11 所示。

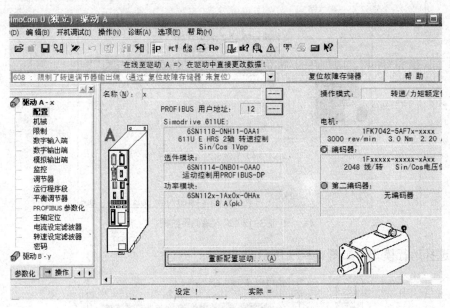

图 4-3-9　连接画面

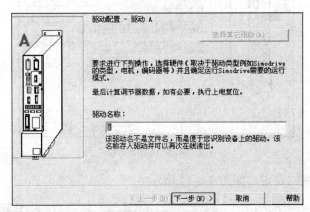

图 4-3-10　定义驱动器的名称

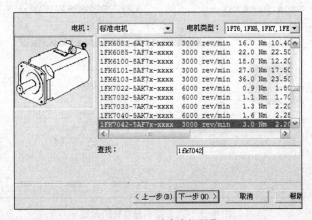

图 4-3-11　设定电机型号

⑨ 输入编码器数据，如图 4-3-12 所示。

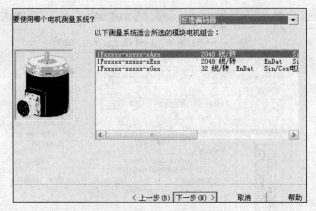

图 4-3-12　输入编码器数据

⑩ 选择运行模式，如图 4-3-13 所示。

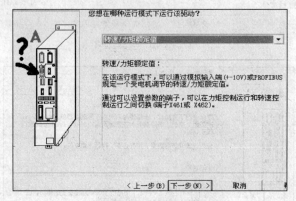

图 4-3-13　选择运行模式

⑪ 直接测量系统的设定，如图 4-3-14 所示。

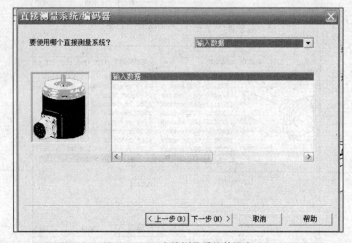

图 4-3-14　直接测量系统的设定

⑫ 直接测量系统参数，如图 4-3-15 所示。

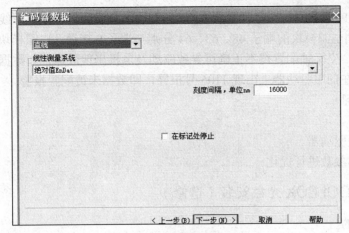

图 4-3-15 直接测量系统参数

⑬ 存储参数，如图 4-3-16 所示。

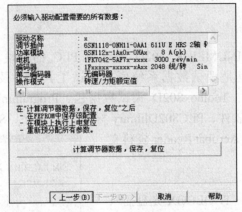

图 4-3-16 存储参数

⑭ 配置完成，如图 4-3-17 所示。

图 4-3-17 配置完成

611UE 的 R/F 灯灭，液晶窗口显示"A0831"表示总线数据通讯；总线接口模块上的红灯亮。若 PC 控制电源模块的端子 48、63、64 分别与端子 9 接通，电源模块的黄灯亮，表示电源模块已使用。坐标轴配置得不正确可导致驱动及电机出现故障，如数据未存储也会在伺服单元掉电后，在伺服驱动器上出现 1106 号报警，即数据未被配置报警。

五、实训练习

1．联机操作。

2．重新配置驱动器。

3．对驱动器参数进行优化。

项目三　TOOLBOX 光盘安装（选修）

一、实训目的

掌握 SIEMENS 802D 数控综合维修试验台 OOLBOX 光盘安装。

二、实训设备

1．SIEMENS 802D 数控综合维修试验台 4 台。

2．电脑 4 台。

三、相关知识

我们在调试西门子 SINUMERIK 802D 系统的 PLC 的时候，必须使用西门子提供的 toolbox。TOOLBOX 光盘是调试数据系统所用调试工具软件及相关数据包，其中包含 WINPCIN 串行通讯软件、Toolbox802D 调试数据包、Programming Tool PLC802 内嵌型 S7-200PLC 编程调试工具软件、PLC802Dlibrary 标准 PLC 程序、SimoComU 伺服驱动 611U 调试诊断工具软件、Adobe Acrobat Reader 资料文件阅读软件。

四、实训内容与步骤

TOOLBOX 光盘安装：TOOLBOX 光盘插入后可自行运行安装程序。如不能自动运行，可进入光盘文件执行 STEUP 程序，安装程序运行后，进入软件安装选择画面，根据需要在选择安装相关软件前方框内打钩，如图 4-3-18 所示。

点击[Next]按钮后进入软件自动安装过程，在每个软件安装过程中选择不要重新启动计算机等软件全部安装完毕后再重新启动计算机。

图 4-3-18　软件安装选择画面

五、实训练习

练习 TOOLBOX 光盘安装。

第 5 章　模具拆装与产品试制技能训练

第一节　模具组成与拆装

项目一　模具组成与作用

一、实训目的

1．了解注射成型模具的常见类型及结构。

2．掌握注射模具的整体结构及模具重要的用途。

3．了解注射成型模具的组成部分的结构和功能。

二、实训设备

二板模具及三板模具若干套。

三、相关知识

塑料注射成型所用的模具称为注塑成型模具，简称注塑模。注塑模能一次成型外形复杂、尺寸精确高或带有嵌件的塑料制品。

"七分模具，三分工艺"。对注塑加工来说，模具和注塑机一样，对成型品的质量有很大的影响，甚至可以说模具比注塑机所起的作用更大。在注塑成型时如果对模具没有充分了解，就难以得到优良的成型品。

注塑模的结构由注塑机的类型和塑件的结构特点所决定，每副模具均由动模和定模所组成。动模安装在注塑机的移动板上，而定模则安装在注塑机的固定板上。注塑时，动模与定模闭合后构成浇注系统及模腔，当模具分开后，塑件或啤件留在动模一边，最后由设置在动模内的脱模机构顶出塑件。

四、实训内容与步骤

注塑模的分类方法很多，按其所用注塑机的类型，可分为卧式注塑机用注塑模、立式注塑机用注塑模、角式注塑机用注塑模及双色注塑模等；按模具的型腔数目可分为单型腔和多型腔注塑模；按分型面的数量可分为单分型面和双分型面或多分型面注塑模；按浇注系统的形式可分为普通浇注系统和热流道浇注系统注塑模；另外还有重叠式模具（叠模）。

按基本结构分类，一般可划分为以下两类：

二板模具（两块模板、一次分型模具）；

三板模具（三块模板、二次分型模具）。

这是根据分模时，分成两块或三块模板来分类的，几乎所有的模具均属这两种类型（个别的是四板模）。

注塑模具常分为：通用注塑模、双色注塑模、热流道模具、重叠注塑模等。

根据模具中各个部件的作用不同，一套注塑模可以分成以下几个部分：

1. 成型零件

赋予成型材料形状、结构、尺寸的零件，通常由型芯（凸模）、凹模型腔以及螺纹型芯、镶块等构成。

2. 浇注系统

它是将熔融塑料由注射机喷嘴引向闭合模腔的通道，通常由主流道、分流道、浇口和冷料井组成。

3. 导向部件

为了保证动模与定模闭合时能够精确对准而设置的导向部件，起导向定位作用，它是由导柱和导套组成的，有的模具还在顶出板上设置了导向部件，保证脱模机构运动平稳可靠。

4. 脱模机构

实现塑件和浇注系统脱模的装置的结构形式很多，最常用的有顶杆、顶管、顶板及气动顶出等脱模机构，一般由顶杆、复位杆、弹弓、顶杆固定板、顶板（顶环）及顶板导柱/导套等组成。

5. 抽芯机构

对于有侧孔或侧凹的塑件，在被顶出脱模之前，必须先进行侧向抽芯或分开滑块（侧向分型），方能顺利脱模。

6. 模温调节系统

为了满足注射成型工艺对模具温度的要求，需要有模温调节系统（如：冷却水、热水、热油及电热系统等）装置对模具温度进行调节。

7. 排气系统

为了将模腔内的气体顺利排出，常在模具分型面处开设排气槽，许多模具的推杆或其他活动部件（如：滑块）之间的间隙也可起到排气作用。

8. 其他结构零件

是指为满足模具结构上的要求而设置的零件（如：固定板、动/定模板、撑头、支承板及连接螺钉等）。

现在以一套常用的模具剖视图来讲解模具的结构组成，如图 5-1-1 所示。

五、实训练习

1. 分解一套模具，要求学生能够快速准确地说出分解部分的名称。

2. 对于分解的各部分零件，学生要能说出零件功能与用途。

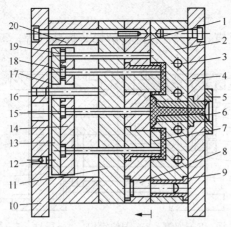

图 5-1-1 模具结构图及零件名称

1—动模板; 2—定模板; 3—冷却水机; 4—定模座板; 5—定位圈;

6—主流道衬套; 7—型芯板; 8—导柱; 9—导套; 10—动模座板;

11—支承板; 12—限位钉; 13—推板; 14—推杆固定板; 15—拉料杆;

16—推板导柱; 17—推板导套; 18—推杆; 19—复位杆; 20—垫块

项目二 典型塑胶模具拆装

一、实训目的

1. 了解注射成型模具的组成部分名称及功能。

2. 掌握注射模具的整体结构及单分型面模具的拆卸和装配工艺。

3. 掌握注射成型模具的组装。

二、实训设备

二板模具及三板模具若干套。

三、相关知识

准确使用拆卸工具拆装模具,拆卸配合件时要分别采用拍打、压出等不同方法对待不同配合关系的零件。注意受力平衡,不可盲目用力敲打,严禁用铁锒头直接敲打模具零件。不可拆卸的零件和不宜拆卸的零件不要拆卸, 模具拆卸应注意以下问题。

(1)必须读懂模具装配图。清楚模具中每个零部件的作用、工作原理及安装形式、配合关系。

(2)根据装配图上的明细表,核对零部件、标准件和装配所需要的特殊工具。

(3)根据标准件,选择合适的通用装配工具(如螺丝刀、内六角扳手、铜棒、冲子、镊子、干净棉纱、手套、虎钳、钳工桌等)。

(4)对要拆卸的模具进行模具类型分析与确定。

(5)分析要拆卸模具的工作原理,如浇注系统类型、分型面及分型方式、顶出方式等。

(6)分析模具各零部件的名称、功用、相互配合关系。

(7)确定拆装顺序。拆卸模具之前,应先分清可拆卸和不可拆卸件,制定拆卸方案。一般先将动模和定模分开,分别将动、定模的紧固螺钉拧松,再打出销钉,用拆卸系统拆散顶出系统各零件,从固定板中压出型芯等零件,有侧向分型抽芯机构时,拆下侧向分型抽芯机构的各零件。针对不同模具须具体分析其结构特点,采用不同的拆卸方法和顺序。

(8)拆卸下来的零件应按拆卸顺序依次排放(或编号),以便于安装。

四、实训内容与步骤

下面以一套常用的两板模具为例，详细讲解模具拆装过程，零件装配图如图 5-1-2 所示。

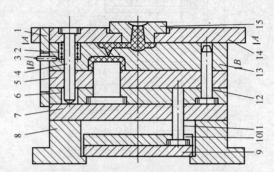

1—定距拉板；2—弹簧；3—限位销钉；4—导柱；5—推件板；
6—动模板；7—支承板；8—模脚；9—推板；10—推杆固定板；
11—推杆；12—导柱；13-定模板；14—定模座板；15—浇口套

图 5-1-2　模具装配图

（1）拆卸前准备。仔细观察分析准备好的模具，了解各零部件的功用及相互装配关系。

（2）开始拆卸。掌握该模具各零部件的结构及装配关系后，开始拆卸模具。

（3）模具外部清理与观察。仔细清理模具外观的尘土及油渍，并仔细观察典型注射模外观。记住各类零部件结构特征及其名称，明确它们的安装位置，安装方向（位）；明确各零部件的位置关系及其工作特点。

（4）典型注射模的拆卸工艺过程（图为双分型面注射模）。

① 首先从分型面 **B-B** 处把模具分为定模部分和动模部分。

② 定模部分拆卸顺序为：拆卸浇口套 15→拆卸限位销钉 3→定模座板 14→导柱 4→定距拉板 1→弹簧 2→中间板 13。

③ 动模部分拆卸顺序为：拆下推件板 5→拆卸型芯固定板（动模板）6、支承板 7 和模脚 8 这三块板间的紧固螺钉→取下模脚 8→拆卸推出机构（拆推板 9 上紧固螺钉→推板 9→推杆 11→推杆固定板 10）→支承板 7→动模板 6→凸模→导柱 12

（5）用煤油、柴油或汽油，将拆卸下来的零件上的油污、轻微的铁锈或附着的其他杂质擦拭干净，并按要求有序存放。

（6）典型注射模的组成零件按用途可分为 3 类：成型零件、结构零件和导向零件，观察各类零部件的结构特征，并记住名称。

① 成型零件：凹模、凸模、型芯、螺纹型芯、螺纹型环等。

② 结构零件：动模座板、垫块、推板、推杆固定板、动模板、定模板、定模座板、浇口套、推杆、复位杆。

③ 导向零件：导柱、导套、小导柱、小导套。

（7）典型注射模装配工艺过程。

① 装配前，先检查各类零件是否清洁，有无划伤等，如有划伤或毛刺（特别是成型零件），应用油石油平整。

② 动模部分装配：将凸模型芯、导柱 12 等装入型芯固定板（动模板）6，将支承板 7 与动模板 6 的基面对齐；将推杆 11 穿入推杆固定板 10、支承板 7 和动模板 5；然后盖上推板

9, 用螺钉拧紧, 再将模脚与支承板用螺钉与动模板紧固联接; 最后在动模板上装上推件板。

③ 定模部分装配: 将浇口套 15 装入到定模座板 14 上, 然后将弹簧 2 放入中间板 13, 将导柱 4 穿入定模座板 14 和中间板 13, 再插入定距拉板 1, 把限位销钉联接到中间板 13 上。

④ 将动模部分与定模部分从分型面 B-B 处合上, 模具三维实体图如图 5-1-3 所示。

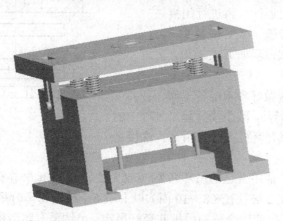

图 5-1-3 模具三维实体图

五、实训练习

1. 学生面对一套新的模具能快速制定模具的拆卸工艺。

2. 学生能正确完整地拆卸一套模具。

3. 模具分解完毕, 学生能正确解释模具各部分的功能, 最后重新正确组装好模具。

项目三 模具常见问题及安装 (选修)

一、实训目的

1. 了解注射成型模具的常见故障。

2. 掌握注射模具的整体结构, 判断模的结构性能是否合理。

3. 掌握注射成型模具的安装与调试。

二、实训设备

二板模具及三板模具若干套。

三、相关知识

模具在使用过程中常出现的问题如下。

1. 飞边

成型时产生飞边, 会损伤合模面。模具硬度低时, 合模面会因受到树脂压力而被划伤或因夹入飞边而产生凹凸变形, 因此, 注塑成型时不要产生飞边。

2. 残留成型品 (压模)

自动运转过程中, 未将成型品或水口完全取出便立即锁模, 会严重损伤模具, 尤其是形状复杂的模具会一下子被损坏 (压模)。作为注塑机机构的一部分, 为防止这种事故的发生, 带有模具保护装置, 在尽力发挥其作用的同时, 对易损坏的模具, 必须考虑安装检测有无成型品残留、阻止锁模的装置和顶针板复位装置。

3. 侧抽芯模具事故

为防止模具的故障, 在成型品顶出之前要用斜导柱或液压缸移出滑块, 避免顶针与滑块相撞。侧抽芯模具会出现因某些原因，导致顶针板动作不灵，不能退回原来的位置，致使顶针和侧抽芯模块冲突，造成模具损伤或压模的事故。

为防止锁模时出现模具事故，可以在模具设计方面下功夫，也可以按照图 5-1-4 所示方法，利用限位开关确认顶推器已返回，再进行闭模。

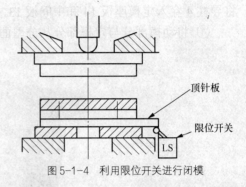

图 5-1-4　利用限位开关进行闭模

四、实训内容与步骤

模具的安装与调试过程如下。

1. 起吊模具阶段

（1）起吊模具前应做好各项准备工作（备齐工具、喉嘴缠好防水胶布等），减少模具起吊过程中的留空时间，并检查模具吊环孔是否有滑牙，深度是否足够。

（2）安装吊环时，需用合适的吊环（公/英制牙纹），可靠地装在模具上（数量需足够），牙纹旋进部分深度需在 2 倍孔径（8～10 圈）以上，防止模具起吊时吊环滑牙或松脱而落下。

（3）起吊模具时，应使用合适的吊机并套好吊钩（吊钩需有防滑栓），操作时要小心，不能斜吊模具，速度不要过快，防止模具碰到人、模具或机器上，严禁模具从有人的地方或机身上方经过。

（4）装水喉时，应使用合适的牙纹（粗牙或细牙）装水喉，安装时用力不要过大（上紧到位即可），防止拧断喉牙部分。

2. 模具安装/调试阶段

（1）上模前，应检查模具大小及顶杆孔大小、数量、位置是否与机台相适应，顶针板弹弓是否缺少或断裂、模具运水道是否堵塞（用气枪吹气来检查），如发现问题需及时换机或报修。

（2）对炮嘴时，应先将模具锁紧，再启动射座"低压慢速"进行对嘴操作，防止射嘴和模具相撞击或碰伤。

（3）安装模具时，应使用与模具大小相适应的注塑机，并检查码仔螺丝和机器模板上相应的螺丝孔是否损坏（滑牙）或变形，选择合适的位置安装码仔，码仔螺丝应旋进 2 倍孔径（8～10 圈）以上的深度，码仔垫块高度应略大于模板厚度（1~3mm），码仔数量要足够且码仔需要打紧，确保模具安装牢固可靠，防止模具在使用过程中松脱、落下，损坏模具和机器。

3. 落模阶段

（1）落模前必须用风枪将运水道和模具内的水吹干净，清理顶针内的灰尘或异物，并用布擦干净前后模分型面上的灰尘、油污、水渍及胶屑等，待模具啤热后，再对模腔和模芯均匀地喷上防锈剂（油），或涂上黄油（深模腔或柱穴位应先喷防锈油）。

（2）拆码仔时，需先调整好吊机位置（模具正上方），操作过程中需小心，使用点动调整，用吊钩吊紧模具后才能拆下码仔。

（3）模具起吊前需先检查码仔是否全部拆下，码仔或螺丝垫片是否钩在模板上，并在"低压手动"状态下小心松开模具，待模具完全脱离注塑机前、后模板时，才能起吊模具，以防出现意外或将模具损坏。

（4）落模后，落模人员必须将模具上所有喉嘴拆下（底部喉嘴应在模具放下之前拆下），并检查模具有否损坏、有无断顶针或断弹弓、产品有无披峰、行位（滑块）是否正常等。若模具有问题时，必须及时咨询实训教师。

五、实训练习

1．准确辨认次品模具的缺陷。

2．在老师的全程陪同下进行模具的安装，安装过程中出现的问题在老师的指导下解决。

第二节 注塑机床参数设置及机床操作

项目一 注塑机床的结构分解

一、实训目的

1．了解注塑机床种类。

2．了解注塑机床结构。

3．掌握注塑机床机床结构组成及各部分零件在加工中的作用。

二、实训设备

双盛注塑机床。

三、相关知识

按合模部件与注射部件配置的型式有卧式、立式和角式三种。

1．卧式注塑机

卧式注塑机是最常用的类型。其特点是注射总成的中心线与合模总成的中心线同心或一致，并平行于安装地面。它的优点是重心低、工作平稳，模具安装、操作及维修均较方便，且模具开档大，高度低；缺点是占地面积大。大、中、小型机均被广泛应用。

2．立式注塑机

其特点是合模装置与注射装置的轴线呈一线排列而且与地面垂直。具有占地面积小，模具装拆方便，嵌件安装容易，自料斗落入物料能较均匀地进行塑化，易实现自动化及多台机自动线管理等优点。缺点是顶出制品不易自动脱落，常需人工或使用其他方法取出，不易实现全自动化操作和大型制品注射，且机身高，加料、维修均不便。

3．角式注塑机

注射装置和合模装置的轴线互成垂直排列。根据注射总成中心线与安装基面的相对位置，分为卧立式、立卧式、平卧式。

（1）卧立式。注射总成线与基面平行，而合模总成中心线与基面垂直。

（2）立卧式。注射总成中心线与基面垂直，而合模总成中心线与基面平行。

角式注射机兼备卧式与立式注射机的优点，特别适用于开设侧浇口非对称几何形状制品的模具。

注塑机根据注射成型工艺要求是一个机电一体化很强的机种，主要由注射部件、合模部件、机身、液压系统、加热系统、控制系统、加料装置等组成，如图 5-2-1 所示。

四、实训内容与步骤

目前，常见的注塑装置有单缸形式和双缸形式，并且都是通过液压马达直接驱动螺杆注塑。因不同的厂家、不同型号的机台其组成也不完全相同，下面就对我中心用的机台做具体分析。

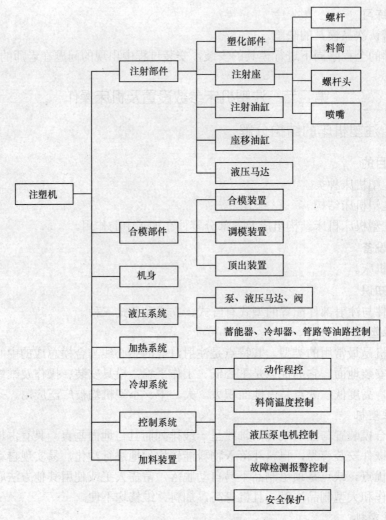

图 5-2-1　注塑机组成

工作原理是：预塑时，在塑化部件中的螺杆通过液压马达驱动主轴旋转，主轴一端与螺杆键连接，另一端与液压马达键连接，螺杆旋转时，物料塑化并将塑化好的熔料推到料筒前端的储料室中，与此同时，螺杆在物料的反作用下后退，并通过推力轴承使推力座后退，通过螺母拉动活塞杆直线后退，完成计量，注射时，注射油缸的杆腔进油通过轴承推动活塞杆完成动作，活塞的杆腔进油推动活塞杆及螺杆完成注射动作。合模单元上的所有润滑点，除了模厚调节机构（齿轮和调节螺母）及顶出导杆，其他都是由自动中央润滑系统进行润滑的。

1. 塑化部件

塑化部件有柱塞式和螺杆式两种，下面对螺杆式做一下介绍。螺杆式塑化部件主要由螺杆、料筒、喷嘴等组成，塑料在旋转螺杆的连续推进过程中，实现物理状态的变化，最后呈熔融状态而被注入模腔。因此，塑化部件是完成均匀塑化，实现定量注射的核心部件。

　　螺杆式塑化部件的工作原理：预塑时，螺杆旋转，将从料口落入螺槽中的物料连续地向前推进，加热圈通过料筒壁把热量传递给螺槽中的物料，固体物料在外加热和螺杆旋转剪切双重作用下，并经过螺杆各功能段的热历程，达到塑化和熔融，熔料推开止逆环，经过螺杆头的周围通道流入螺杆的前端，并产生背压，推动螺杆后移完成熔料的计量，在注射时，螺杆起柱塞的作用，在油缸作用下，迅速前移，将储料室中的熔体通过喷嘴注入模具。

　　螺杆式塑化部件一般具有如下特点：

　　① 螺杆具有塑化和注射两种功能；

　　② 螺杆在塑化时，仅作预塑用。

　　2．开模过程

　　开模被区分为四段，包括开模一段，开模二段，开模三段和开模四段。过程流程图如图 5-2-2 所示。

　　（1）按下手动键，确定在手动模式下执行，请在面板上按模座设定键进行开模设定。

　　（2）在四段开模中输入您欲设定的压力及速度值。但必须确定此设定将会使模具平滑的移动。

　　（3）设定开模一段的油压速度，可使模具很平顺地分离即可。

　　（4）可根据您的需要来调整一段转二段的位置。

　　（5）在到达开模终点之前，需从三段转换四段，以使开模动作变慢并到达开模终点以确保机器停止时，位置不会超过开模终点位置太多。

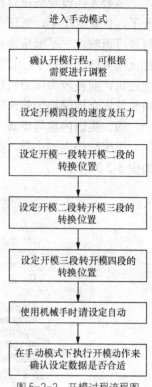

图 5-2-2　开模过程流程图

　　（6）假如您要用机械手取出产品，您必须设定再循环延迟时间，再循环延迟时间就是从上一个循环结束到开模前的时间。

　　（7）在设定所有开模参数之后，请在手动模式下执行开模动作并确认机器动作是否符合所设定的数据。

　　（8）假如在执行开模调整中遇到任何问题请按手动键来停止所有控制操作。

五、实训练习

　　1．观察注塑机注塑部分，了解其结构并能正确回答其工作原理。

　　2．手动操作注塑机合模及开模过程，讲叙注塑产品成型过程。

项目二　注塑机床的加工参数设置

一、实训目的

　　1．了解注塑机床加工的过程。

　　2．了解注塑机床加工合模与开模方式。

　　3．掌握注塑机床在加工前正确的参数设置。

二、实训设备

　　双盛注塑机床。

三、相关知识

　　注塑机合模与锁模的区别是：合模=动模板运动，锁模=用高压推动机铰伸直锁压紧已经闭合的模具低压合模保护设置。

多数人在设定低压合模开始位置和终止位置没有做对，一是低压开始位置时模具靠得太近了，位置太小了，低压保护来得太迟，受到上一段（开始、快速、高速）较高较快的压力与速度影响。二是低压终止位置结束得太早，当模具还有数厘米或更大的距离没有闭合，就终止结束低压保护了，转到高压锁模，这两个问题一般同时存在，这就成了低压合模保护位置过短，前被较大压力较快速度快速合模冲击威胁，后被高压锁模压力压迫两面夹击，就相当于低压合模保护无效形同虚设。

四、实训内容与步骤

机床结构大同小异，在了解结构的基础上，着重对参数设置进行实训，注塑机参数设置如图 5-2-3 所示。

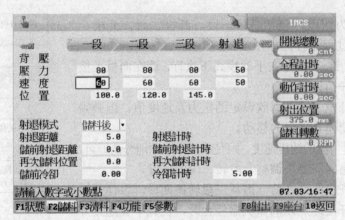

图 5-2-3　注塑机参数设置画面

1. 开合模参数设置

（1）开始合模压力:初值设置参考为 25，当此压力过小而导致机器速度过慢时，可尝试增加速度，每次加 5。注意，该压力设置较大时，会使动模板瞬间加高压而改变静止状态为运动状态，致使动模板孔与拉杆产生巨大的摩擦力，久之将加快机器动模板孔与拉杆的磨损，影响到动模板运动的平稳性并会降低精密度，可能影响到个别对合模机的精密要求较高的模具的生产。

（2）开始合模速度:根据实际情况而定，不过动作不宜过快，该速度的设定要使机器的动作与下一段合模动作具有连贯性，而不是出现明显的停顿动作切换，最好是将速度设置高一些，将压力设置低一些，由压力控制速度。

2. 低压合模

由低压低速推动模具，由需要安全保护的距离开始至模具完全闭合终止。

（1）低压合模速度：根据实际情况而定，速度要慢，若速度过快，就算设置了低压，惯性运动仍然会产生巨大的撞击破坏力。当出现滑快位置偏移、顶针断出等出现意外硬障碍物时，进入合模动作，在有效的低压慢速的合模保护参数条件之下，将大大减小撞击的损伤。可将这个速度设定为几十并保持不变，再把开始合模压力调得很低（比如 5）进行测试，以压力控制速度，再一步步加压至适合的合模保护速度。

（2）低压合模压力：可以先把速度调得很高，压力调得很低（例如 5）进行合模测试，因为压力低，就算速度设置很大，失去压力的支持，合模速度也不会很快，压力控制速度在5 的基础上，一点点往上加至理想的合模保护速度，以最低的压力合模。

（3）低压合模开始位置（即上一段合模终止位置）:这个要根据模具大小与结构而设置大小差异较大的数值，一般为模具闭合前的 5～20 厘米之间。很多人就是设置模具合得太近，才开始用低压，应该提前得到低压保护的距离，以免受到上一段较大压力速度的冲击，当出现滑快位置偏移、顶针断出等意外硬障碍物时，将导致快猛撞击，这时低压保护无效。

（4）低压合模终止位置（即高压锁模开始位置）:此参数为模具刚好完全闭合的位置，即动模板前进已经到尽头停止了，调试时先调好低压压力和速度，再将位置设置为 0，关门手动合模测试得出一个低压合模完全闭合位置的数值（如 2.2），这个数值的大小受电子尺设置调整、调模松紧、合模压力大小影响，也会受到机器精度和模具表面细小杂物等的影响；每次合模可能会有小小变动，所以要将终止位置设置的稍大一点点，如加 0.2 设置为 2.4（参考加 0.1～0.3），以最低的位置精确保护模具，如果不把低压合模测试获得的位置数值设置大一点点的话，直接就用 2.2，可能经常会出现低压合模位置大于 2.2，低压位置结束不了而无法转到高压锁模。

3. 高压锁模参数设置

首先用高压推动机铰伸直将已经闭合了的模具锁压紧。很多人就是设置模具没有完全闭合，就开始用高压了，低压保护失效。

（1）高压锁模压力：初设置值参考为 60，当无法满足需要时，每次再加 10，压力太大，会加大机器负荷。

（2）高压锁模速度：初设置值参考为 25，当无法满足需要时，先尝试加大压力，若还是不能满足，才尝试加快速度，每次加 10。请注意，高压锁模不应该听到过大的响声，速度加快一倍，锁模机构摩擦损耗将加大 N 倍。

在无效低压保护下，模具被压或被撞可能会出现下列问题（夹带障碍物以较高的压力合模＝压模、夹带硬性障碍物较高的速度合模＝撞模）:

① 模具因结构较简单，合模压力也不是很大，压不坏。

② 模具被压，致使模具精密度下降，使注塑成形条件发生变化，给工艺参数的调试加大难度。

③ 模具被压，致使模具精密度下降，使成形产品的毛边加大、加多，加大了生产工人的工作强度与工作量，加速工人的疲劳，产品的产量、质量降低，工人工作效率下降。原定的人员可能无法满足工作对劳动力的需要，需要增加人手，提高了产品生产制造成本。

④ 模具被压、被撞，致使模具受损坏，以至无法生产，需要花费时间与费用对模具进行维修。

综上所述，应避免，压模、撞模，从而减少对生产质量、产量、成本、效率、造成影响。

五、实训练习

1. 在注塑机床上安装调试好模具，并能判断出模具是否安装正确。

2. 设置好注塑机床参数，进行零件注塑。

3. 判断注塑产品是否合格，如果不合格，请重新设置参数直到产品合格为止。

项目三　注塑机试制塑胶产品

一、实训目的

1. 了解注塑机的工作循环周期及零件成型原理。
2. 掌握注塑成型各种参数对零件注塑成型的影响。
3. 掌握注塑机机床的正确操作过程。

二、实训设备

双盛注塑成型机。

三、相关知识

注塑机是塑料加工业中使用量最大的加工机械,不仅可直接生产大量的产品,而且还是组成注拉吹工艺的关键设备。中国已成为世界塑机台件生产的第一大国,促进中国注塑机设备制造业发展的原因在于:一是与国际著名企业进行合资及技术合作;二是中国企业逐渐适应了机械零部件的国际采购方式,掌握了采购渠道。同时,我国注塑机的生产还呈现出很强的区域特色,浙江的宁波和广东的东莞等地已成为我国乃至全球重要的注塑机生产基地。

注塑机的注塑过程包括预塑计量、注射充模、保压补塑、冷却定型。无论从制品加工程序角度还是从成型机理角度,注塑过程确切地表达了注塑成型的实质:即表达了为注射过程中提供的预塑化概念,又兼有注射充模保压的模塑概念。

四、实训内容与步骤

1. 注塑机的动作程序

喷嘴前进→注射→保压→预塑→倒缩→喷嘴后退→冷却→开模→顶出→退针→开门→关门→合模→喷嘴前进。

2. 注塑机操作项目

注塑机操作项目包括控制键盘操作、电器控制柜操作和液压系统操作3个方面。分别进行注射过程动作、加料动作、注射压力、注射速度、顶出型式的选择,料筒各段温度及电流、电压的监控,注射压力和背压压力的调节等。

3. 注射过程动作选择

一般注塑机既可手动操作,也可以半自动和全自动操作。

(1)调整操作。

a. 工作特点:各部位的工作运动,是在按住相应的按钮开关时才能慢速动作,手离开按钮,动作即停止。此动作方式也可叫点动。

b. 应用原则:应用在模具的安装调整工作中,如试验检查某一部位的工作运动及维修拆卸螺杆。

(2)手动操作。

a. 工作特点:手指按动某一按钮,其相应控制的某一零部件开始运动,直至完成动作停止。不再按动此按钮,也就不再有重复动作。

b. 应用原则:在模具装好后试生产时应用,检查模具装配质量及模具锁紧力的大小调试。对某些制品生产时的特殊情况,也可用手动操作。

(3)半自动操作。

a. 工作特点:关闭安全门后,注塑制品的各个生产动作时间继电器和限位开关连通控制,按事先调好的动作顺序进行至制品成型，打开安全门，取出制件为止。

机器自动完成一个工作周期，但每一个生产周期完毕后操作者必须拉开安全门，取下工件，再关上安全门，机器方可以继续下一个周期的生产。

b. 应用原则：注塑机的各部位工作零部件质量完好，能够准确完成各自的工作动作，批量生产某一制品时，采用半自动操作。

（4）全自动操作。

a. 工作特点：注塑机的各部位工作零部件质量完好，能够保证各动作正确工作条件下，由电器自动控制各工作程序，使各种动作按固定编制好的程序循环工作。

b. 应用原则：用于大批量注塑生产某一种制品。

全自动操作中需注意中途不要打开安全门，否则全自动操作会中断。

c. 要及时加料。

d. 若选用电眼感应，应注意不要遮闭了电眼。实际上，在全自动操作中通常也是需要中途临时停机的，如给机器模具喷射脱模剂等。

（5）操作方式选择。

操作开始时，应根据生产需要选择操作方式（手动、半自动或全自动），并相应拨动手动、半自动或全自动开关。半自动及全自动的工作程序已由线路本身确定好，操作人员只需在电柜面上更改速度和压力的大小、时间的长短、顶针的次数等，不会因操作者调错按钮而使工作程序出现混乱。

a. 正常生产时，一般选用半自动或全自动操作。

b. 当一个周期中各个动作未调整妥当之前，应先选择手动操作，确认每个动作正常之后，再选择半自动或全自动操作。

4. 预塑动作选择

预塑加料前后注座是否后退，即喷嘴是否离开模具，注塑机一般设有 3 种选择。

（1）固定加料：预塑前和预塑后喷嘴都始终贴进模具，注座也不移动。

（2）前加料：喷嘴顶着模具进行预塑加料，预塑完毕，注座后退，喷嘴离开模具。目的是预塑时利用模具注射孔抵助喷嘴，避免熔料在背压较高时从喷嘴流出，预塑后可以避免喷嘴和模具长时间接触而产生热量传递，影响它们各自温度的相对稳定。

（3）后加料：注射完成后，注座后退，喷嘴离开模具然后预塑，预塑完再注座前进。

该动作适用于加工成型温度特别窄的塑料，由于喷嘴与模具接触时间短，避免了热量的流失，也避免了熔料在喷嘴孔内的凝固。

5. 注射压力选择

普通中型以上的注塑机设置有 3 种压力选择，即高压、低压和先高压后低压。

高压注射：由注射油缸通入高压压力油来实现。由于压力高，塑料从一开始就在高压、高速状态下进入模腔。高压注射时塑料入模迅速，注射油缸压力表读数上升很快。

低压注射：由注射油缸通入低压压力油来实现的，注射过程压力表读数上升缓慢，塑料在低压、低速下进入模腔。

先高压后低压：根据塑料种类和模具的实际要求，从时间上来控制通入油缸的压力油的压力高低来实现的。为了满足不同塑料要求，有不同的注射压力，也可以采用更换不同直径的螺杆或柱塞的方法，这样既满足了注射压力，又充分发挥了机器的生产能力。在大型注塑机中往往具有多段注射压力和多级注射速度控制功能，这样更能保证制品的质量和精度。

6. 注射速度的选择

一般注塑机控制板上都有快速和慢速旋钮用来满足注射速度的要求。在液压系统中设有一个大流量油泵和一个小流量泵，同时运行供油。当油路接通大流量时，注塑机实现快速开合模、快速注射等；当液压油路只提供小流量时，注塑机各种动作就缓慢进行。

7. 顶出形式的选择

注塑机顶出形式有机械顶出和液压顶出 2 种，有的还配有气动顶出系统。

顶出次数设有单次和多次二种。顶出动作可以是手动，也可以是自动。顶出动作是由开模停止限位开关来启动的，操作者可根据需要，通过调节控制柜上的顶出时间按钮来实现。顶出的速度和压力亦可通过控制柜面上的开关来控制，顶出运动的前后距离由行程开关确定。

8. 温度控制

料筒电热圈一般分为二段、三段或四段控制。电器柜上的电流表分别显示各段电热圈电流的大小。

9. 合模控制

关妥安全门，各行程开关均给出信号，合模动作立即开始。合模动作是：慢→快→慢，由行程开关控制。

首先是动模板以慢速启动，前进一小短距离以后，原来压住慢速开关的控制杆压块脱离，活动板转以快速向前推进。在前进至靠近合模终点时，控制杆的另一端压杆又压上慢速开关，此时活动板又转以慢速且以低压前进。

10. 开模控制

当熔融塑料注射入模腔内及至冷却完成后，接着便是开模动作，取出制品。

开模过程也分三个阶段。第一阶段慢速开模，防止制件在模腔内撕裂；第二阶段快速开模，以缩短开模时间；第三阶段慢速开模，以减低开模惯性造成的冲击及振动。

五、实训练习

1. 练习控制键盘操作、电器控制柜操作和液压系统操作机床操作。

2. 试制注塑产品，能判断产品是否合格。

3. 如若试制产品过程中出现简单的问题，能自己独立解决。

项目四　注塑机床的常见故障及诊断维修（选修）

一、实训目的

1. 了解注塑机床加工过程中的常见故障。

2. 能分析机床故障产生的原因。

3. 掌握注塑机床常见故障的维修方法。

二、实训设备

双盛注塑机床。

三、相关知识

注塑机床维修要遵循下列安全说明。

（1）安装调试、维修保养工作只能在断开机器电源的情况下才能进行，除非此项工作强制要求机器运行。

（2）在已断开电源的机器上进行维修保养工作时，应采取措施防止机器被意外再次接通。

所有被拆下或关闭的安全装置（在机器上进行安装调试、维修保养工作时）必须在重新启动机器之前安装到位并恢复其功能。

（3）必要时对安装调试、保养维修工作区域进行隔离。

（4）在电器设备工作之前先要断电，并防止再次意外接通。

（5）断开机器电源（断开所有断路器或总开关）。

（6）确保机器电源不会意外再次接通。

（7）检查是否还有电压。

（8）运行伺服电机。

切断伺服驱动之后，至少等待 5 分钟，以便让中间电路放电。开始工作前必须用合适的仪器测量中间电路的实际电压，且电压值必须小于 42 伏，以防止潜在的危险。注意，LED 灯熄灭不表示电路没电，当伺服驱动运行时不要断开电线，否则会产生电弧或造成人员伤害。

带电工作时须有两人配合，以便在紧急情况下另一人可以切断电源。同时，须始终使用与该工作对应的工具，例如在电器设备上工作时要使用绝缘工具。只能使用原装配件或由米拉克龙公司认可的配件和生产辅料。

最后，要遵循规定的维修保养周期。

四、实训内容与步骤

机械在使用过程中出现故障是难免的，机器的使用寿命与故障、操作人员、维护保养有密切关系。故使用本机器时应严格遵守说明书中有关内容规定，如果机器出现故障，一般是机械、油路及电器的故障，下面介绍几种可能出现的一般故障及排除方法。

1. 油泵电动机启动困难

电源供应切断：三相电压太低、线路压降太大、接触器触头烧损等都会造成电源供应切断。检查三相电源供应是否正常：自动断路器是否切断，电器箱内控制电动机启动的继电器是否吸合，以及触头吸合情况（不可以在半自动或全自动情况下开启油泵）。

（1）电动机烧坏，有焦味或冒烟。

排除方法：找出发热烧坏的原因和措施后，按照规定进行修理或更换。

（2）油泵卡死。

排除方法：修理或更换油泵。

2. 油路不起压

（1）杂质、铁屑等堵塞 V1 阀回油孔。

排除方法：清除回油孔杂质。

（2）V1 阀电磁铁电器插座松动、接触不良。

排除方法：更换电磁阀或者插紧插座。

（3）V1 阀卡死。

排除方法：将阀拆下清洗，清除渗油处，更换密封圈。

（4）油面高度低于吸油器，油泵吸空。

排除方法：加足液压油。

（5）换向阀阀芯卡、内漏。

排除方法：清洗或更换阀芯或阀座。

（6）无快速动作，V1 阀卡死。

排除方法：清洗主阀芯或阀座。

3. 不合模

（1）安全门行程开关接触松动或损坏，或安全门未压下，低压模保行程位置调节不当。

排除方法：接好线或更换行程开关，检查安全门与行程开关的配合，调好行程位置。

（2）锁模电磁阀卡死或电磁阀插座松动，慢速合模调压太小。

排除方法：清洗阀，固定电磁插座，调高慢速合模压力。

（3）液压顶出没复位，行程开关 13SQ 位置没调好。

排除方法：使行程开关 13SQ 位置正确。

（4）液压系统无压力。

排除方法：按第（2）项内容修复。

4. 不注射

（1）注射压力低，速度太慢。

排除方法：调高注射压。

（2）物料加热温度过低。

排除方法：调高温度。

（3）喷嘴堵塞。

排除方法：拆下加热清洗。

（4）注射阀卡死或接线松动，注射时间太短。

排除方法：检查修复，调节时间。

5. 不预塑，速度过慢

（1）行程位置调节位置不当。

排除方法：调整、修复。

（2）背压阀调节不当。

排除方法：重新调节。

（3）预塑 V2 阀卡死。

排除方法：检查、修复。

（4）压力设定过小。

排除方法：调高压力。

（5）料筒加热温度不足，致使液压马达过载。

排除方法：检查加热圈是否损坏，更换加热圈。

6. 预塑时螺杆转动，但不进料

（1）背压力过高。

排除方法：调整背压力阀 V3。

（2）加料口处冷却水不足，加料口内物料"架桥"。

排除方法：调整进水量，取出粘结构的塑料块。

（3）加料口缺料。

排除方法：加料。

7. 不能调模或调模困难

（1）调模压力过低。

排除方法：调整压力。

（2）后模板拉杆螺母因有杂质或缺润滑油脂卡死。

排除方法：清洗拉杆螺母、修复、安装时要注意 4 个螺母的轴向间隙要一致，并添加二硫化钼润滑油脂。

（3）调模电磁阀卡死或插座松动。

排除方法：检查、修复。

（4）调模液压马达损坏，配油轴卡死。

排除方法：修理或更换。

8．液压轴温过高

（1）油泵压力过高。

排除方法：按说明书内容，根据制造成型工艺进行调整。

（2）大、小泵未根据设计要求调节（指普通机）。

排除方法：检查 V1、V2 并修复。

（3）油泵损坏及液压油粘度过低。

排除方法：检查油泵及油质。

（4）油箱内油量不足。

排除方法：加足液压油。

（5）油冷却器损坏或水质过硬，致使冷却效率降低。

排除方法：清洗油冷却器。具体清洗方法如下。

① 用软管引洁净水高速洗回水盖、后盖内壁和冷却器管内表面。同时用清洗通条进行洗涮，最后用压缩空气吹干。

② 用三氯乙烯溶液进行冲洗，使清洁液在冷却器内循环流动（P=0.5MPa），清洗时间视溶液而定，然后再将清水引入冷却器内清洗，直至流出清洁水为止。

③ 用浸泡四氯化碳将溶液灌入冷却器，历时 15～20 分钟后观察溶液颜色，若浑浊不清，则更换新溶液重新浸泡，直到流出的溶液与洁净颜色相仿为止。然后用清水冲洗干净，冲洗时应有良好的通风环境，以免中毒。

五、实训练习

1．学生亲自动手排除注塑加工零件时出现的故障。

2．实训老师手动设置注塑机床的故障，学生分析故障原因并动手排除。

第6章 CAD/CAM 技术技能训练

第一节 UG 软件

项目一 安装与初始化设置

一、实训目的

1. 了解 UG NX 6.0 的安装方法。

2. 了解 UG NX 6.0 各项初始化设置的方法与步骤。

二、实训设备

1. 联想启天 M4300 微型计算机一台。

2. 投影设备一套。

三、相关知识

UG(Unigraphics)软件是 EDS 公司（原 Unigraphics Solutions 公司，后成为其中的 UGS 部门）推出的集 CAD/CAE/CAM 为一体的三维参数化设计软件之一，也是当今世界最先进的计算机辅助设计、分析和制造软件中的一员，成为了 UGS 产品家族中应用最为广泛的设计软件。其最新版本的 UG NX 不但继承了原有 UG 软件的各种强大功能，而且与该公司的另一拳头产品 I-deas 软件的功能相互结合，共同构建了功能更加全面的辅助设计应用环境。

2001 年 9 月，EDS 公司宣布成立其第五业务部——PLM solutios。PLM solutios 由 EDS 公司先前收购的 SDRC 部门合并组成。来自原 SDRC 公司的 I-deas 软件和原 UGS 公司的 Unigraphics 软件都有着广泛的用户基础，它们是技术先进、功能全面、具有很强互补性的产品。作为对广大用户的承诺，EDS 公司宣布将推出结合两种产品优势、具有业界领先水平的开放式、基于标准框架的 CAD/CAE/CAM 解决方案平台。现有的用户，不论是 I-deas 用户，还是 Unigraphics 用户，都可以通过升级转移到新的解决方案平台。从 2002 年 10 月开始，EDS 公司在世界各地举办专题研讨会，介绍 UG NX 的开发方针和内容。2009 年 9 月份，全新版本的 UG NX 在美国上市。

伴随着 UG 版本的不断更新和功能的不断扩充，该软件朝着专业化和智能化方向发展，主要具有智能化的操作环境、建模的灵活性、集成的工程设计功能、开放的产品设计功能等特点。

四、实训内容与步骤

UG NX 6.0 安装方法

（1）安装许可证文件。

① 将 UG NX 6.0 安装光盘放进光驱，在光盘中找到许可证文件 ugnx6.lic 后将其复制到

硬盘中。

　　② 用"写字板"打开 ugnx6.lic 文件，接着将文件开头第一行"SERVER《name》ANY 28000"中的《name》改为主机名称，然后保存退出。

　　说明：在桌面上的【我的电脑】图标上单击鼠标右键，在弹出的快捷菜单中选择【属性】命令，再在打开的【系统属性】对话框中选择【计算机名】选项，则完整的计算机名称后面的字母就是主机名称。

　　③ 光盘放进光驱后会自动运行，然后将出现如图 6-1-1 所示的安装界面，按顺序进行 UG　NX 6.0 软件的安装。

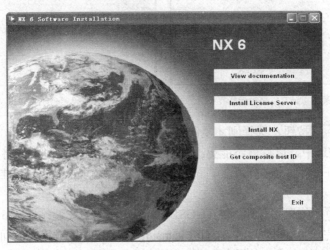

图 6-1-1　安装程序选择界面

　　④ 首先安装 NX 服务程序：选择 Install License Server，出现如图 6-1-2 所示的【选择安装程序的语言】对话框。

　　⑤ 选择"中文（简体）"安装语言，单击 确定 按钮，系统开始检测计算机配置，如图 6-1-3 所示。

　　⑥ 若检测无错误则进入服务程序正常安装界面，如图 6-1-4 所示。

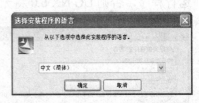

图 6-1-2　【选择安装程序的语言】对话框

图 6-1-3　计算机配置检测界面

图 6-1-4　服务程序正常安装界面

⑦ 单击 下一步(N) > 按钮，出现安装许可证文件路径选择界面，如图 6-1-5 所示。

⑧ 单击 下一步(N) > 按钮，进入许可证文件界面，如图 6-1-6 所示。

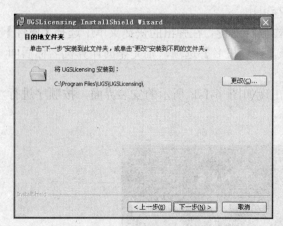

图 6-1-5　安装许可证文件路径选择界面

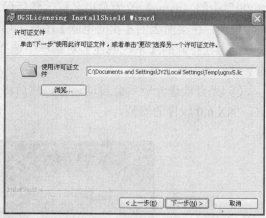

图 6-1-6　许可证文件界面

⑨ 单击 浏览... 按钮，选择刚才复制到硬盘的许可证文件 ugnx6.lic 所在位置。注意，许可证文件一旦被选中，以后就不能更改许可证文件的位置，否则 UG 将不能使用。

⑩ 完成许可证文件路径选择后，单击 下一步(N) > 按钮，出现已做好安装准备界面，如图 6-1-7 所示。

⑪ 单击 安装(I) 按钮，开始 NX 6 UGSLicensing 程序的安装，如图 6-1-8 所示。

⑫ 安装过程完成后，出现 NX 6 UGSLicensing 程序安装完成提示界面，如图 6-1-9 所示，表示 UG 服务程序安装完成。必须先完成安装 NX 6 UGSLicensing 程序，才能安装 NX 6.0 的运行程序，否则 UG NX 6.0 将无法运用。

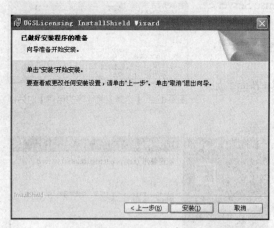

图 6-1-7　安装准备界面

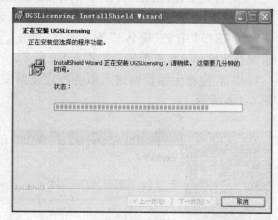

图 6-1-8　NX 6 UGSLicensing 程序安装界面

（2）安装运行程序

① 完成服务程序的安装后，开始安装 UG NX 6.0 运行程序。在安装程序选择界面中选择【Install NX】选项，弹出【选择安装程序的语言】对话框，如图 6-1-10 所示。

② 选择"中文（简体）"安装语言，单击 确定 按钮，系统开始配置安装文件信息，如图 6-1-11 所示。

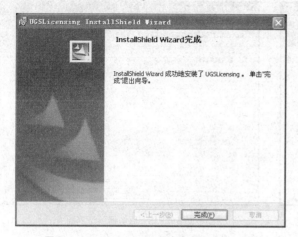

图 6-1-9　UGSLicensing 程序安装完成提示界面

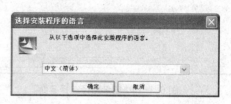

图 6-1-10　选择安装程序的语言

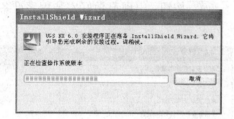

图 6-1-11　系统配置安装文件信息

③　下面开始进入正式的 UG NX 6.0 安装向导界面，如图 6-1-12 所示。

④　单击 下一步(N) > 按钮，进入安装类型选择界面，如图 6-1-13 所示。

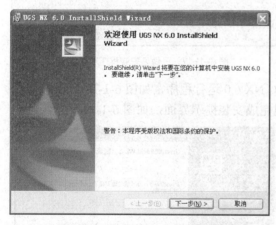

图 6-1-12　UG NX 6.0 安装向导界面

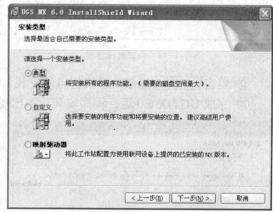

图 6-1-13　UG NX 6.0 安装类型选择界面

⑤　单击 下一步(N) > 按钮，进入 NX 6 安装路径选择界面，如图 6-1-14 所示。

⑥　单击 下一步(N) > 按钮，进入服务器验证界面，如图 6-1-15 所示。

为了方便管理，一般将服务程序和 UG NX 6.0 运行程序放在同一根目录下。注意，图 6-1-15 所示的【输入服务器名】文本框中的"jy-3"为主机名，如果与计算机主机名不符将无法正常开启软件。

图 6-1-14 安装路径选择界面

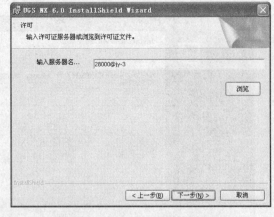
图 6-1-15 服务器验证界面

⑦ 单击 下一步(N) > 按钮，出现 NX 语言选择界面，如图 6-1-16 所示。

⑧ 选中【简体中文】单选按钮，然后单击 下一步(N) > 按钮，出现已做好安装程序准备界面，如图 6-1-17 所示。

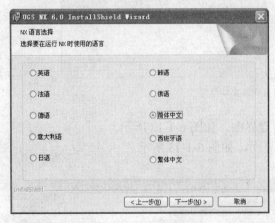
图 6-1-16 语言选择界面

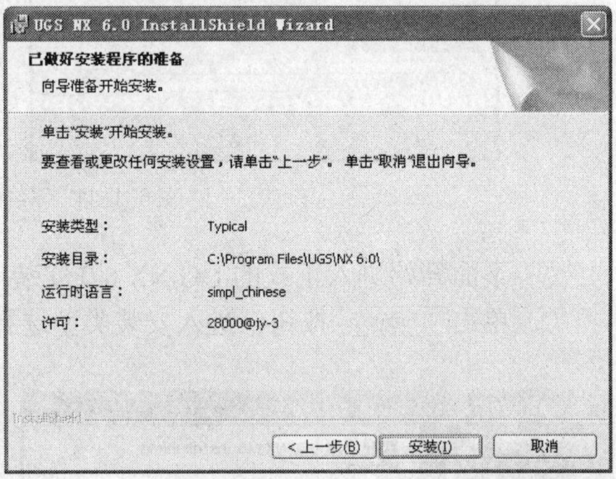

图 6-1-17 已做好安装程序准备界面

⑨ 单击 安装(I) 按钮，系统将自动安装 UG NX 6.0 运行程序，如图 6-1-18 所示。

⑩ 完成 UG NX 6.0 运行程序安装后，出现完成安装提示界面，如图 6-1-19 所示。

图 6-1-18 UG NX 6.0 安装过程

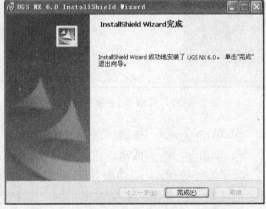
图 6-1-19 完成 UG NX 6.0 运行程序安装界面

五、实训练习

1. 按所学步骤完成 UG NX 6.0 的安装过程。

2. 完成工具栏等初始化设置。

项目二 二维图形草绘

一、实训目的

1. 了解并掌握 UG NX 6.0 草图工具栏的设置。

2. 掌握草图基本工具的使用方法。

3. 掌握草图编辑工具的使用方法。

4. 了解并掌握草图中的各种约束功能及使用方法。

二、实训设备

1. 联想启天 M4300 微型计算机一台。

2. 投影设备一套。

三、相关知识

1. 草图基本环境

只有在草图的基本环境中才能进行草图的创建。该环境提供了在 UG NX 6.0 中草图的绘制、操作以及约束等与草图有关的所有工具。

选择菜单命令【插入】/【草图】或直接点击快捷工具栏中的草图按钮，打开【草图创建】对话框，然后单击【确定】按钮，系统就会进入如图 6-1-20 所示的草图环境界面，与 UG NX 6.0 的主界面不同的是草图功能界面只显示与草图操作相关的命令选项。

图 6-1-20 草图基本环境

在完成草图曲线的创建和约束后，在【草图】工具图标栏中单击 按钮或选择右键下拉菜单中的 完成草图按钮，系统会退出草图功能回到主界面操作环境当中进行其他功能操作。

2. 草图基本设置

在进入草图功能后，用户将进行的操作就是草图的创建，它包括建立草图工作平面和创建草图对象两个操作过程。

草图工作平面的选择是草图绘制的第一步，要创建的所有草图元素都必须在制定的平面内完成。在 UG NX 6.0 中提供了以下两种创建草图工作平面的方法。

① 在平面上。

在【平面选项】下拉列表中，UG 提供了以下 3 种指定草图工作平面的方式：

- 现有平面
- 创建平面
- 创建基准坐标系

利用该选项创建草图需要创建一个新的坐标系，然后通过选择新坐标系中的基准面来作为草绘工作平面。

② 在轨迹上。

四、实训步骤与内容

1. 创建和编辑草图

（1）配置文件

利用【配置文件】工具可以创建一系列连接的曲线和圆弧，而且在这些曲线中上一条曲线的终点将变成下一条曲线的起点。单击【配置文件】按钮 ⎍，打开【配置文件】对话框，然后单击该对话框中的工具按钮便可绘制出所需草图元素。

（2）圆弧和圆。

利用【圆弧】和【圆】工具，可以在草图环境中绘制圆与圆弧轮廓线。其中圆和圆弧的绘制方法又有很多种，具体方法介绍如下。

① 圆。

单击【圆】对话框中的【圆心和直径定圆】按钮 ⊙，并在绘图区指定圆心，然后输入直径数值即可完成绘制圆的操作。

② 圆弧。

单击【圆弧】对话框中的【三点定圆弧】按钮 ⌒，并依次拾取起点，终点和圆弧上一点，或拾取两个点和输入直径即可完成圆弧的创建。

（3）快速修剪。

【快速修剪】工具可以以任意一方向将曲线修剪至最近的交点或选定的边界。该工具可以利用单独修剪、统一修剪和边界修剪 3 种方法对草图元素进行修剪。

（4）快速延伸。

【快速延伸】工具可以将草图元素延伸到另一临近曲线或选定的边界线处。【快速延伸】工具与【快速修剪】工具的使用方法相似。

（5）圆角。

【圆角】工具可以在两条或三条曲线之间倒圆角。利用该工具进行倒圆角包括精确法、粗略法和删除第三条曲线 3 种方法。

（6）椭圆。

在 UG NX 6.0 中利用【椭圆】工具可以绘制椭圆和椭圆弧两种曲线，并且还可以将椭圆和椭圆弧旋转。单击【椭圆】按钮 ⊙，打开【椭圆】对话框，然后指定椭圆中心位置，并在对话框中输入相关参数即可完成椭圆的创建。

2. 草图的约束

（1）几何约束。

几何约束可以用来确定单一草图元素的几何特征，或创建两个或多个草图元素之间的几何特征关系，包括约束和自动约束两种类型。

（2）尺寸约束。

草图的尺寸约束效果相当于对草图进行标注，但是除了可以根据草图的尺寸约束看出草图元素的长度、半径、角度以外，还可以利用草图各点处的尺寸约束对草图元素的大小、形状进行限制或约束。

3. 草图操作

（1）镜像曲线。

【镜像曲线】工具通过以现有的草图直线为对称中心线创建草图几何图形的镜像副本，并且所创建的镜像副本与原草图对象间具有关联性。如果所绘制的草图对象为对称图形，使用【镜像曲线】工具可以极大地提高绘图效果。

单击【镜像曲线】按钮⌷，打开【镜像曲线】对话框。然后依次拾取镜像中心线和原草图对象，并单击【应用】按钮即可完成镜像操作。

（2）偏置曲线。

【偏置曲线】工具可以将草图曲线按一定的距离向指定方向偏置复制出一条新的曲线，偏置对象为封闭的草图元素则将曲线元素放大或缩小。偏置出的曲线与原曲线具有关联性，并自动创建偏置约束。

单击【偏置曲线】按钮◠，将打开【偏置曲线】对话框。然后在绘图区拾取要偏置的曲线或曲线链，并在【偏置】面板中设置距离、副本数等参数，最后单击【确定】完成操作。

五、实训练习

1. 按要求设置并熟悉草图工具栏。

2. 按图绘制草绘，如图 6-1-21 所示。

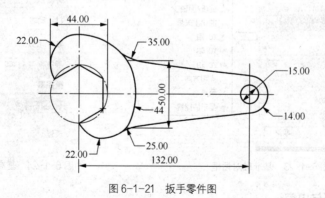

图 6-1-21　扳手零件图

项目三　三维特征建模

一、实训目的

1. 了解 UG NX 6.0 三维环境的基本特征。

2. 了解并掌握 UG NX 6.0 建模的基本体素创建方法。

3. 掌握三维特征建模的 3 种基本方法。

二、实训设备

1. 联想启天 M4300 微型计算机一台。

2. 投影设备一套。

三、相关知识

基准特征由以下 3 部分构成。

（1）基准平面。

要创建基准平面，可以选择【插入】/【基准/点】选项，或者单击【特征操作】工具栏中的【基准平面】按钮▢，打开【基准平面】对话框，如图 6-1-22 所示。

（2）基准轴

在 UG NX 6.0 中，创建基准轴可以选择【插入】/【基准/点】/【基准轴】选项，或者单击【特征】工具栏中的【基准轴】按钮↑，打开【基准轴】对话框，如图 6-1-23 所示。

【基准轴】对话框中提供了 9 种创建基准轴的方式，总的来说可分为自动判断、交点、曲线/面轴、在曲线矢量上、XC 轴/YC 轴/ZC 轴、点和方向、两点这 7 种方式。

（3）基准坐标系

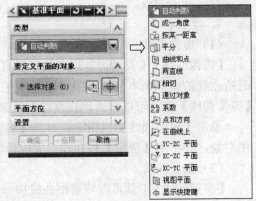

图 6-1-22　基准平面对话框

在特征建模中，基准坐标系的作用与前面所介绍的基准平面和基准轴的相同，都是用来定位特征模型在空间上的位置。在 UG NX 6.0 中，要创建基准坐标系，可以选择【插入】/【基准/点】/【基准 CSYS】选项，打开如图 6-1-24 所示的【基准 CSYS】对话框。

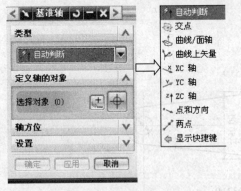

图 6-1-23　基准轴对话框

图 6-1-24　基准坐标系对话框

四、实训步骤与内容

1. **基本体素特征**

基本体素特征包括长方形、圆柱体、锥体、球体等。

（1）长方体。

在 UG NX 6.0 中，可以通过单击【特征】/【长方体】按钮▬，打开【长方体】对话框。在该对话框中提供了三种创建长方体的方式。

（2）圆柱体。

在【特征】工具栏中单击【圆柱体】按钮，打开【圆柱体】对话框。该对话框中提供了两种创建圆柱体的方式。

① 轴、直径和高度。

使用该方式创建圆柱体，需要先指定圆柱体的矢量方向和底面的中心点位置，然后设置其直径和高度数值，即可完成创建。

② 圆弧高度。

使用此方法创建圆柱体时，需要先在绘图区中创建一条圆弧曲线，然后选择该选项，在绘图区中选取圆弧曲线，并设置圆柱体的高度，即可完成创建。

（3）锥体。

要进行圆锥体的创建，可以在【特征】工具栏中单击【圆锥】按钮，打开【圆锥】对话框。该对话框中提供了 5 种创建圆锥的方法，以【直径和高度】为圆锥体的创建法最为常用。

（4）球体。

在【特征】工具栏中单击【球】按钮，打开【球】对话框，该对话框中提供了两种创建球体的方法，与前面所介绍创建圆柱体方式基本相同。

2．创建扫描特征

（1）拉伸

首先在图形中创建出二维曲线为拉伸对象。然后，在【特征】工具栏中单击【拉伸】按钮，打开【拉伸】对话框，选取该拉伸对象，在对话框中指定矢量方向、拉伸距离等参数后，即可完成实体的拉伸操作，如图 6-1-25 所示。

图 6-1-25　拉伸操作

（2）回转

在【特征】工具栏中单击【回转】按钮，打开【回转】对话框，该对话框与【拉伸】对话框类似。利用【回转】工具进行实体操作时，所指定的矢量是该对象的旋转中心，所设置的参数是旋转的起点角度和终点角度。

（3）扫掠

扫掠与前面介绍的拉伸和旋转类似，在【特征】工具栏中单击【扫掠】按钮，打开

【扫掠】对话框。此时，在绘图区中选取扫描对象，然后单击【选择曲线】按钮，选取图中的引导线，即可完成图形的扫掠操作。

五、实训练习

创建阶梯轴零件，如图 6-1-26 所示。

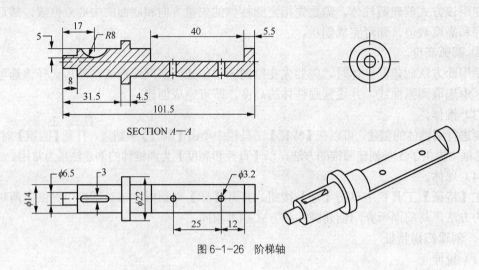

图 6-1-26 阶梯轴

项目四 典型零件图绘制（选修）

一、实训目的

1. 熟练三维特征建模的 3 种基本方法。
2. 熟练掌握实体模型的布尔运算方法。
3. 能独立完成各种一般零件图的三维建模。

二、实训设备

1. 联想启天 M4300 微型计算机一台。
2. 投影设备一套。

三、相关知识

布尔运算操作用于确定在 UG 建模中多个实体之间的合并关系，包括加、减和相交运算。

在【特征操作】工具栏中单击【求和】按钮，打开【求和】对话框。在该对话框中包括了 4 个面板，其中【目标】和【刀具】用来执行选取操作，【设置】用来设置特征的保留状态，【预览】用于查看求和后新特征效果。在【设置】中有【保持目标】和【保持工具】两个复选框。求差与求交操作方法类似。

四、实训内容与步骤

1. 实训内容

创建扇形板三维模型。

2. 实训步骤

（1）新建文件，并进入草绘环境，选取 XC-YC 平面为草绘平面，按图 6-1-27（a）所示的尺寸绘制草图，并修剪多余线段。

（2）拉伸实体特征：单击【拉伸】按钮，选取步骤（1）中绘制的草图为拉伸对象，并设置拉伸值和参数。拉伸效果如图 6-1-27（b）所示。

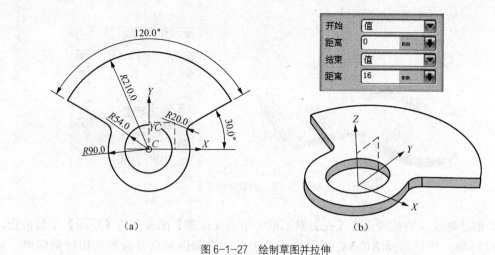

图 6-1-27　绘制草图并拉伸

（3）切除实体：单击【草图】按钮，打开对话框，以 XC-YC 平面为草绘平面，并按照如图 6-1-28（a）所示要求绘制草图；然后单击【拉伸】按钮，打开【拉伸】对话框，选取该草图为拉伸对象，设置拉伸深度为 10～16，并选择【布尔】面板下的【求差】选项，最后单击【确定】完成。

（4）创建螺纹孔特征 1：单击【草图】按钮，打开对话框，选取 XC-YC 平面为草绘平面，并以原点为圆心绘制一个直径为 165mm 的圆轮廓线；然后退出草绘，单击【孔】按钮，打开对话框，设置孔的直径为 M6，孔中心放置在草图圆心的象限点上；最后按图 6-1-28（b）中的设置步骤完成孔特征创建。

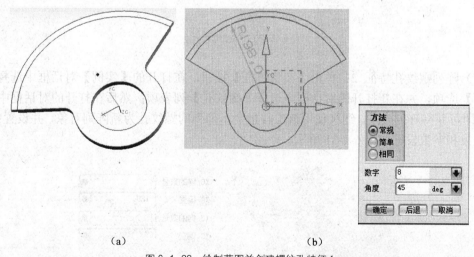

（a）　　　　　　　　　　　　　　　　　（b）

图 6-1-28　绘制草图并创建螺纹孔特征 1

（5）阵列螺纹孔特征 1：单击【实例特征】工具，首先在【实例】对话框中选择【圆形阵列】选项，然后在【实例】对话框中选择【螺纹孔】列表项，在打开的对话框中设置参数，参数设置如图 6-1-29 所示，并选取 Z 轴为阵列轴，最后单击【确定】完成操作。

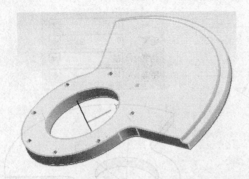

图 6-1-29　陈列螺纹孔特征 1

（6）创建螺纹孔特征 2：在【孔】对话框中单击【位置】面板下的【草图】工具按钮，进入草绘环境；然后选择 XC-YC 平面为草绘平面，绘制指定点并设置其相对坐标值，如图 6-1-30 所示；返回上一个对话框后，单击【位置】面板下的【指定点】按钮，选取该点为孔的中心点，最后创建孔螺纹特征。

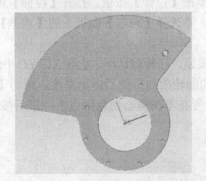
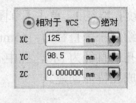

图 6-1-30　创建螺纹孔 2

（7）阵列螺纹孔特征 2：单击【实例特征】按钮，在打开的【实例】对话框中选择【矩形阵列】选项，并在新打开的对话框中选择【螺纹孔】列表项；然后在打开的对话框中设置参数，即可获得阵列效果，继续使用该工具指定本阵列的螺纹孔为新阵列对象，并设置参数，阵列效果和参数设置如图 6-1-31 所示。

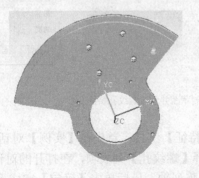

图 6-1-31　陈列螺纹孔 2

（8）创建螺纹孔特征 3：打开草绘环境，选取切除扇形体上表面为草绘平面，并按照图 6-1-32 所示尺寸要求绘制草图；然后单击【孔】按钮，选取所绘制草图上的点为孔中心，设置螺纹孔直径为 6mm，完成螺纹孔特征创建。

（9）阵列螺纹孔特征 3：单击【实例特征】按钮，在打开的对话框中选择【圆形阵列】选项，然后在打开的对话框中选取螺纹孔 3 作为阵列对象，并选取 Z 轴为阵列中心，按图 6-1-33 所示完成阵列。

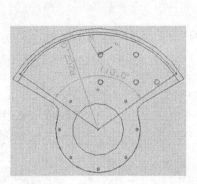

图 6-1-32　创建螺纹孔特征 3

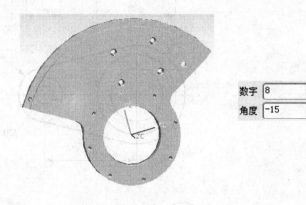

| 数字 | 8 |
| 角度 | -15　deg |

图 6-1-33　陈列螺纹孔特征 3

（10）保存图形。

五、实训练习

1．实训练习一：建端盖实体模型，如图 6-1-34 所示。

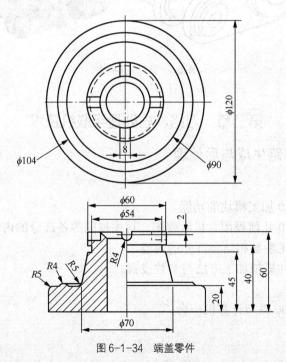

图 6-1-34　端盖零件

2．实训练习二：创建支撑类零件如图 6-1-35 所示。

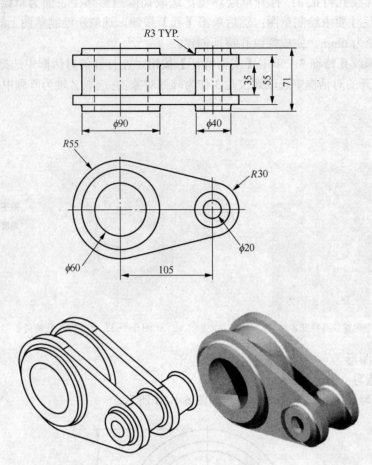

图 6-1-35 支撑零件

第二节 刀路、后处理与联机技术

项目一 二维刀路生成与后处理

一、实训目的

1. 了解 UG NX 6.0 加工模块的功能。
2. 掌握 UG NX 6.0 几何视图、机床视图、程序视图等各部分的内容与创建方法。
3. 掌握与机床加工参数相结合部分的内容。
4. 了解并掌握软件模拟加工方法与参数设置。

二、实训设备

1. 联想启天 M4300 微型计算机一台。
2. 投影设备一套。

三、相关知识

第一次进入编程界面时，会弹出【加工环境】对话框，如图 6-2-1 所示。在【加工环境】对话框中选择加工方式，然后单击 初始化 按钮即可正式进入编程主界面。

平面加工：主要加工模具或零件中的平面区域。

轮廓加工：根据模具或零件的形状进行加工，包括型腔铣加工、等高轮廓铣加工和固定轴区域轮廓铣加工等。

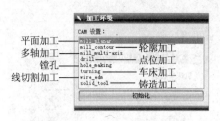

图 6-2-1 【加工环境】对话框

点位加工：在模具中钻孔，使用的刀具为钻头。

线切割加工：在线切割机上利用铜线放电的原理切割零件或模具。

多轴加工：在多轴机床上利用工作台的运动和刀轴的旋转实现多轴加工。

四、实训内容与步骤

1. 刀路创建前的操作设置

（1）创建刀具

在【插入】工具栏中单击【创建刀具】按钮，打开【创建刀具】对话框。在【名称】文本框中输入刀具类型、名称。接着单击【确定】按钮，打开刀具参数对话框，分别设置刀具直径、底圆角半径以及其他参数，创建刀具对话框如图 6-2-2 所示。

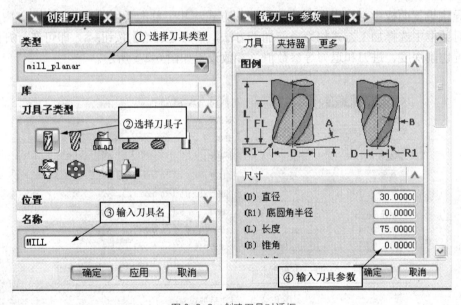

图 6-2-2　创建刀具对话框

（2）创建加工坐标系

在资源栏中单击按钮，这样可以将导航器切换到【操作导航器】窗口。然后单击导航器中的【几何视图】按钮，导航器中将显示坐标系按钮，双击该按钮，可在打开的 Mill Orient 对话框中设置安全距离。坐标系对话框如图 6-2-3 所示。

（3）设置加工参数

① 余量和公差

通常情况下，在操作导航器中单击鼠标右键，然后在打开的快捷菜单中选择【加工方法视图】选项。接着在操作导航器中双击【公差】按钮，将打开【铣削方法】对话框。此时可分别设置部件的余量、内公差和外公差，设置参数如图 6-2-4 所示。

图 6-2-3　坐标系对话框

图 6-2-4　公差和余量设置

② 导轨设置

在导轨设置面板中可以设置进给量和切削方式，其中单击【切除方法】按钮 ，可在打开的对话框中选择加工方式作为当前加工方法，单击【进给】按钮 ，即可在打开的对话框中设置切削深度、进刀和退刀等参数值，参数设置如图 6-2-5 所示。

图 6-2-5　导轨参数设置

2. 刀路创建

（1）指定操作子类型

在【插入】工具栏中单击【创建操作】按钮，打开【创建操作】对话框，如图 6-2-6 所示。在【创建操作】对话框中首先选择类型，接着选择操作子类型，最后选择程序名称、刀具、几何体和方法，如图 6-2-6 所示。在 UG 中，一个操作即是一个加工功能，亦即是一刀具路径，可以单独后处理产生一个 NC 程序。

（2）指定操作参数

在【创建操作】对话框中单击【确定】按钮，即可打开新的对话框，可在该对话框中进一步设置加工参数。创建操作时，在操作对话框中指定参数，这些参数都将对刀轨产生影响。

不同的操作需设定的操作参数也有所不同，但也存在很多共同选项。

（3）生成刀轨

在每一个操作对话框中，都有一个【生成】按钮 用来生成刀轨。单击【操作】工具栏中的【生成刀轨】按钮 ，系统将重新生成刀轨，并打开【刀轨生成】对话框。

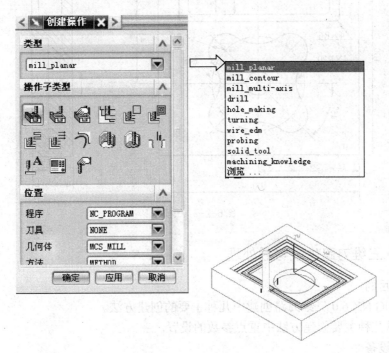

图 6-2-6　创建加工类型操作

（4）刀轨检验

单击【操作】工具栏中的【确认刀轨】按钮，打开【刀轨可视化】对话框。单击【播放】按钮，系统就开始进行实体模拟验证。

3. 生成车间文档并执行后处理

（1）生成并输出车间文档

在导航器中选中程序父节点组，然后单击【特征】工具栏中的【车间文档】按钮，将打开【车间文档】对话框。此时在【报告格式】列表框中如果选择 Operation List(HTML)列表项，并指定文件路径，系统将以 HTML 格式生成车间文档。

（2）后处理

首先将导航器切换到【程序视图】模式，然后单击【操作】工具栏中的【后处理】按钮，打开【后处理】对话框。在该对话框中选择对应列表项，并在【输出文件】面板中设置保存路径。单击该对话框中的【确定】按钮确定操作，系统将以窗口形式显示粗加工和精加工操作 NC 程序。

五、实训练习

1. 按图 6-2-7 中尺寸创建模型。

2. 创建图 6-2-7 中凹凸部分二维刀具路径。

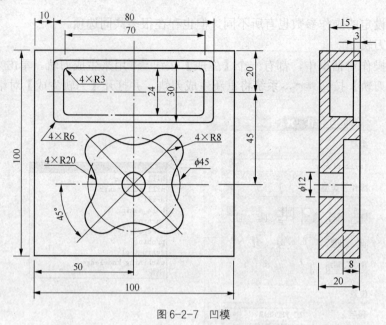

图 6-2-7　凹模

项目二　三维刀路生成与后处理

一、实训目的

1. 了解 UG NX 6.0 三维刀路创建中几种主要的创建方法。

2. 了解这几种主要创建方法中重点参数的设置。

二、实训设备

1. 联想启天 M4300 微型计算机一台。

2. 投影设备一套。

三、相关知识

刀路生成界面介绍。

首先打开要进行编程的模型，然后在菜单条中选择【开始】/【加工】命令或按 Ctrl+Alt+M 组合键进入编程界面，如图 6-2-8 所示。

【菜单条】工具条：包含了文件的管理、编辑、插入和分析等命令。

【标准】工具条：包含了打开所有模块、新建文件或打开文件、保存文件和撤销等操作。

【视图】工具条：包含了产品的显示效果和视角等命令。

【加工创建】工具条：包含了创建程序、创建刀具、创建几何体和创建操作 4 种命令。

【加工操作】工具条：包含了生成刀轨、列出刀轨、校验刀轨和机床仿真 4 种命令。

【程序顺序视图】工具条：包含了程序顺序视图、机床视图、几何视图和加工方法视图。

【分析】工具条：包含了所有分析模具的大小、形状和结构的功能。

四、实训内容与步骤

1. 刀路创建前的操作设置

（1）创建刀具。

（2）创建加工坐标系。

（3）设置加工参数。

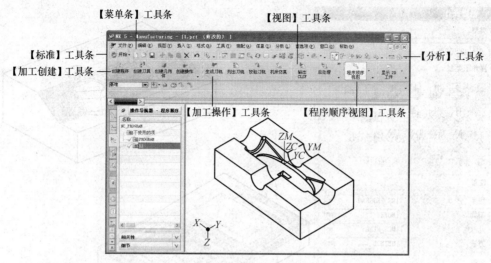

图 6-2-8　刀路生成界面

（4）创建几何体。

双击导航器中的 WORKPIECE 选项，将打开【铣削几何体】对话框，如图 6-2-9 所示。在该对话框中的【几何体】面板中可单击指定按钮定义和检查几何体。

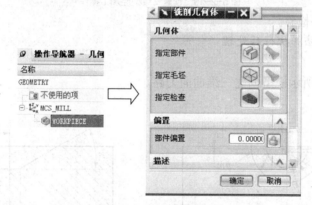

图 6-2-9　创建铣削几何体

① 指定部件几何体。在平面铣和型腔铣中，部件几何表示零件加工后得到的形状。

② 指定毛坯几何。毛胚几何是定义要加工成零件的原材料。

③ 检查几何体。检查几何用于定义在加工过程中刀具要避开的几何对象。防止过切零件，可以定义为检查几何的对象有零件侧壁、凸台、装夹零件的夹具等。

2. 刀路创建

（1）指定操作子类型。

在【插入】工具栏中单击【创建操作】按钮，打开【创建操作】对话框，如图 6-2-10 所示。在【创建操作】对话框中首先选择类型，接着选择操作子类型，最后选择程序名称、刀具、几何体和方法。在 UG 中，一个操作即是一个加工功能，亦即是一刀具路径，可以单独后处理产生一个 NC 程序。

（2）指定操作参数。

执行创建操作的第二步是指定操作参数，在定义加工方法后，必须对该加工方法定义切削模式、步距、切削参数、进给率和主轴切削速度等参数，这些参数都决定后续生成的刀具轨迹。

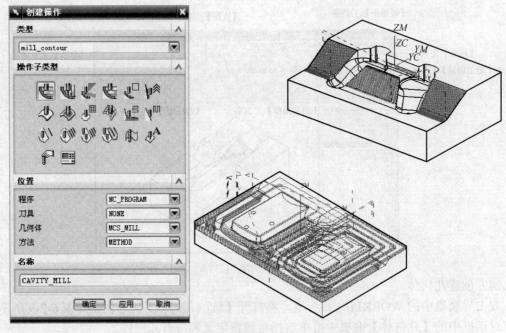

图 6-2-10　创建三维型腔加工操作

（3）生成刀路并检验。

3. 生成车间文档并执行后处理

五、实训练习

1. 按图 6-2-11 所示模型创建三维曲面刀路。

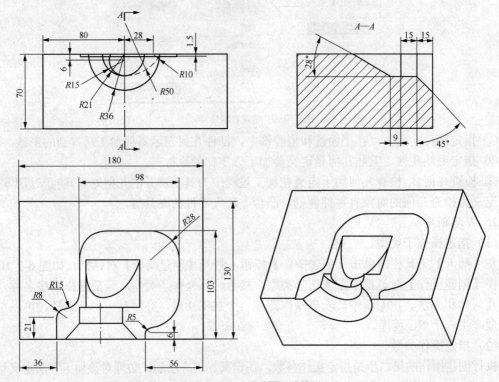

图 6-2-11　三维曲面刀路模型

2. 创建程序文本文件并保存。

项目三　典型零件刀路生成与后处理

一、实训目的

1. 独立完成 UG NX 6.0 各种铣削方法的创建，并掌握与机床加工参数相结合的部分内容。

2. 能独立完成三维刀路创建。

二、实训设备

1. 联想启天 M4300 微型计算机一台。

2. 投影设备一套。

三、相关知识

UG CAM 主要由 5 个模块组成，即交互工艺参数输入模块、刀具轨迹生成模块、刀具轨迹编辑模块、三维加工动态仿真模块和后置处理模块。

四、实训内容与步骤

（1）打开文件\lizi\plan001.prt，并进入加工环境。

（2）创建坐标系。打开操作导航器，并切换到几何视图，点击 ⊕ MCS_MILL 前面的+号展开出现 WORKPIECE 。按照我们以前讲授的方法把 WCS 定位到模型中心最高点，且使 MCS 与之重合，并指定安全平面 Z=20。

（3）创建刀具。创建直径为 6mm 的平铣刀，如图 6-2-12 所示。

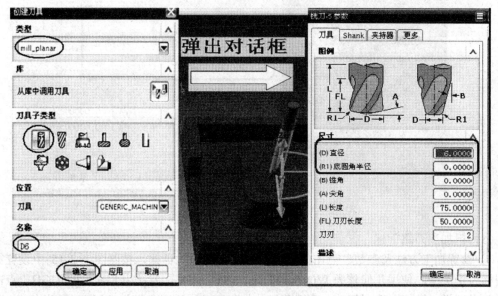

图 6-2-12　刀具创建

（4）创建几何体。

① 创建几何体。双击导航器中的 WORKPIECE 选项，打开【铣削几何体】对话框，点击工件完成几何体创建，如图 6-2-13 所示。

② 创建毛坯。点选对话框中的自动块选项完成毛坯创建，如图 6-2-14 所示。

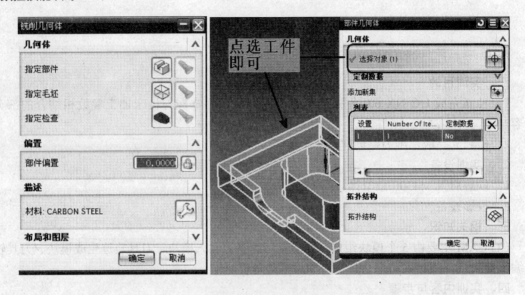

图 6-2-13　几何体创建

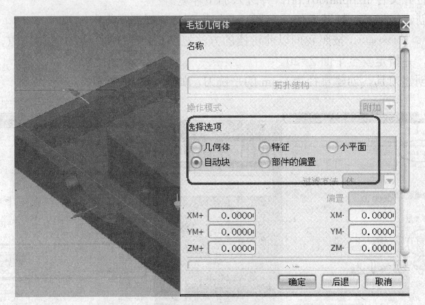

图 6-2-14　毛坯创建

（5）粗加工刀路创建。

① 设置加工方法及参数。点击创建操作图标，弹出对话框，按照图 6-2-15 中设置第一个图标为子类型，使用几何体为 WORKPIECE，刀具为 D6，方法为 MILL-ROUGH。点击确定进入对话框，首先会看到部件、毛坯几何体的亮着，这说明它们继承了 WORKPIECE 几何体信息，单击展开其定义区，按照图 6-2-15 修改参数。

② 生成粗加工刀路。单击确定按钮退出操作对话框，然后单击生成刀轨图标生成一个粗加工的刀轨程序。单击确定按钮退出操作对话框，可以在操作导航器中看到在 WORKPIECE、D6、PROGRAM 和 MILL_ROUGH 下都产生了一个名为 CAVITY_MILL 的操作。粗加工刀路如图 6-2-16 所示。

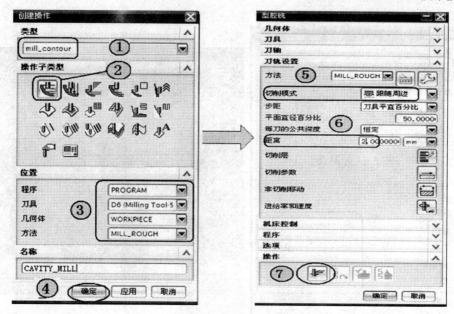

图 6-2-15　粗加工创建

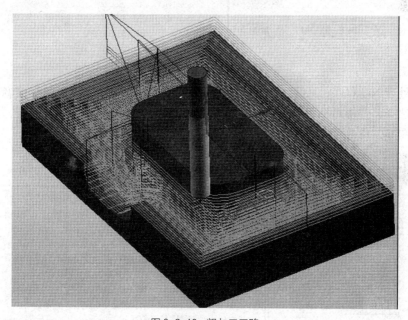

图 6-2-16　粗加工刀路

（6）精加工刀路创建。

　　点击创建操作图标将弹出对话框，按照图 6-2-17 的设置，选择子类型中的第 5 个图标，几何体设置为 WORKPIECE、刀具设置为 D6、方法设置为 MILL-FINISH。点击进入对话框，首先也会看到部件几何体的亮着，说明继承了 WORKPIECE 几何体信息。单击展开其定义区，修改参数。单击确定按钮退出操作对话框，然后单击生成刀轨图标，这样就生成了一个精加工的刀轨程序。单击确定按钮退出操作对话框，可以在操作导航器中看到在 WORKPIECE、D6、PROGRAM 和 MILL_ROUGH 下同样也都产生了一个名为 ZLEVEL_PROFILE 的操作。

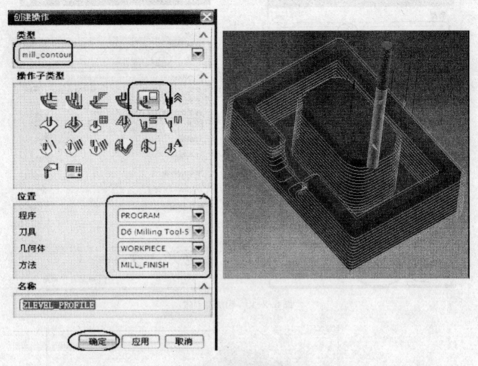

图 6-2-17 精加工刀路

（7）后处理 NC 程序。按下 Ctrl 键选择生成的两个操作程序，单击图标或者单击右键弹出对话框→选择，弹出对话框→选择一种后处理机床，指定 NC 程序保存目录，点击应用按钮即可，如图 6-2-18 所示。

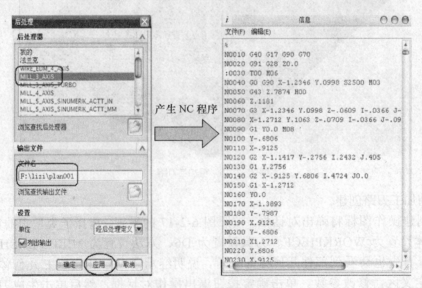

图 6-2-18 NC 程序生成

五、实训练习

1. 按图 6-2-19 所示模型创建三维曲面刀路。

2. 创建程序文本文件保存。

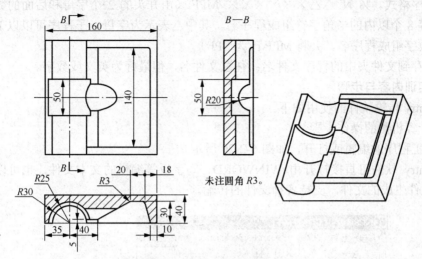

图 6-2-19　刀路练习模型

项目四　机床联机技术（选修）

一、实训目的

1. 了解各主流数控系统机床联机加工程序格式。
2. 了解 NCSentry 传输软件的内容及使用方法。
3. 能独立设置联机参数并完成联机在线加工。

二、实训设备

1. 联想启天 M4300 微型计算机一台。
2. 投影设备一套。
3. 数控加工中心或数控车床一台。

三、相关知识

1. DNC 技术程序格式

（1）华中系统。

① 程序格式。%××××（四位以内的数字组成程序名。×表示数字，下同）。

② 保存到文件夹中的程序文件名：O××××（"O"为英文）。

（2）FANUC 系统。

① 程序格式。

%

:××××　（四位以内的数字组成程序名。前面的冒号":"也可改用英文的"O"，传输到数控系统后都为"O××××"）

…（编写的程序段）

…

%

② 保存到文件夹中的程序文件名：任意文件名，但最好为英文或数字。

（3）Siemens 系统。

① 程序格式。%_N_△△×××××××_MPF （由开头的 2 个字母和后面的数字、下划线及字母等 8 个以内的半角字符组成程序名。其中△表示为字母。子程序可以以 L 开头加 7 位以内的数字组成程序名，并将 MPF 改为 SPF）

② 保存到文件夹中的程序文件名：任意文件名，但最好为英文或数字。

四、实训内容与步骤

NCSentry 传输软件的使用如下。

（1）计算机侧的操作步骤

① 加工程序的编辑或打开，如图 6-2-20 所示。

NCSentry 软件可直接打开由 WINWORD、写字板等编辑的文本文件，也可以打开由其他 CAM 软件生成的文件，支持各种文件的传输。

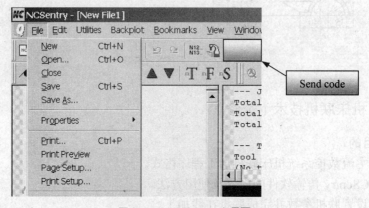

图 6-2-20 NCSentry 主界面

② 单击 Send Code 图标，传输界面如图 6-2-21 所示。

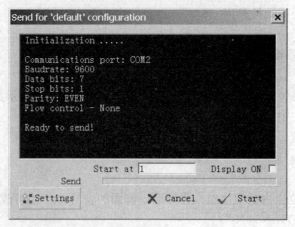

图 6-2-21 NCSentry 传输界面

③ 单击 Settings 图标，设定传输参数如图 6-2-22 所示，完成后单击 OK 图标。

④ 单击 Start 键，开始传输，如图 6-2-23 所示。

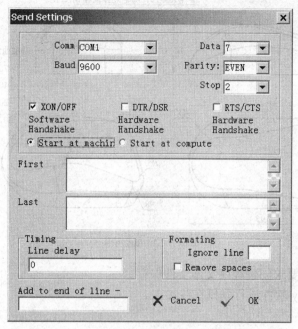

图 6-2-22　NCSentry 传输参数界面

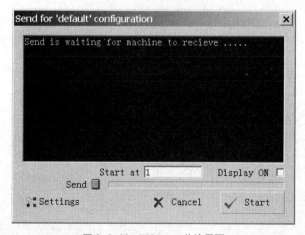

图 6-2-23　NCSentry 传输界面

（2）机床系统侧的操作

① 选择 EDIT 编辑方式（程序保护开关必须先打开）。

② 传程序时，按 PROG 键，按软键［（操作）］→按软键［READ］→按软键［EXEC］，屏幕右下角出现闪烁字符"输入"，表示传输正在进行，字符停止闪烁表示文件传输结束。

③ 传输参数时，按 SYSTEM 键，按软键［参数］→按［（操作）］→按软键［READ］→按软键［EXEC］，屏幕右下角出现闪烁字符"输入"，表示传输正在进行，字符停止闪烁表示文件传输结束（参数可写入必须先打开）。

五、实训练习

1. 按图 6-2-24 所示模型创建三维曲面刀路。

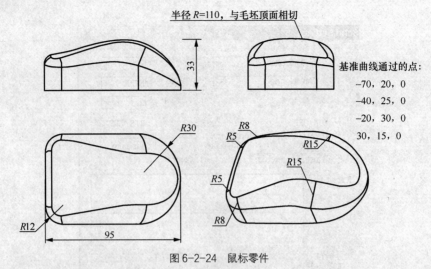

半径 R=110，与毛坯顶面相切

基准曲线通过的点：

-70，20，0

-40，25，0

-20，30，0

30，15，0

图 6-2-24 鼠标零件

2．按 DNC 联机要求创建程序文本文件保存。

3．利用 NCSentry 软件进行联机在线加工。

第一节 HPR-LOM 快速成型机

项目一 开机与软件绘图

一、实训目的

1. 熟悉快速成型机结构。
2. 熟悉快速成型机软件使用。
3. 掌握快速成型机操作方法。

二、实训设备

1. 纸状材料。
2. 快速成型机一台。
3. 电脑一台。

三、相关知识

1. 快速成型机发展进程

快速原型制造技术是 20 世纪 80 年代末出现的先进制造技术。它是 CAD、数控技术、激光技术、材料科学与工程的有机集成，可以自动、快速、准确地将设计思想物化为具有一定结构和功能的原型或直接制造零部件，方便企业在产品正式投放市场前进行广泛调研和用户意见征询，并可对产品设计进行快速评价、修改，以满足市场需求，提高企业的竞争力。按原型的制造原理，快速原型制造技术有如下几个主要类别：立体印刷成型、层合实体成型、选域激光烧结、熔融沉积造型、三维喷涂粘接、焊接成型技术、掩膜光刻和数控加工等新技术。选择性层片粘接采用激光或刀具对箔材进行切割，首先切割出工艺边框和原型的边缘轮廓线，然后将不属于原型的材料切割成网格状，通过升降平台的移动和箔材的送给可以切割出新的层片并将其与先前的层片粘接在一起，这样层层迭加后得到下一个块状物，最后将不属于原型的材料小块剥除，就获得所需的三维实体。层片添加的典型工艺是分层实体制造（Laminated Object Manufacturing——LOM），这里所说的箔材可以是涂覆纸（涂有粘接剂覆层的纸），涂覆陶瓷箔、金属箔或其他材质基的箔材。本章主要讲述武汉华中的 HPR-LOM 系统。

2. 基本组成及性能参数

HRP-LOM 系统由 3 部分组成：数控系统、精密数控机械系统、激光器及冷却系统，如

图 7-1-1 所示。

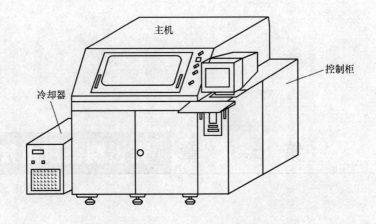

图 7-1-1 HRP-LOM 快速成型系统

（1）数控系统。

数控系统由高可靠性工业控制计算机、性能可靠的各种控制模块、电机驱动单元、高精度的传感器组成，并配套 HRP2004 软件，用于三维图形数据处理，加工过程的实进控制及模拟。

（2）机械单元（主机）。

该主机由 6 个基本单元组成：伺服驱动的激光扫描单元、可升降工作台、送收料装置、势压叠层装置、通风排尘装置、机身与机壳。机械单元主要完成系统的加工传动功能，其工艺循环示意图如图 7-1-2 所示。

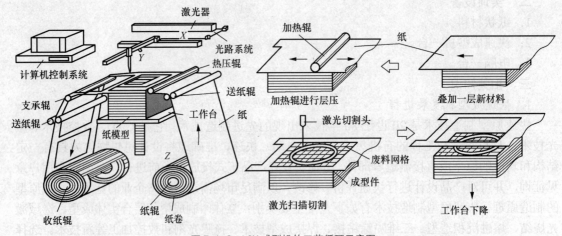

图 7-1-2 LOM 成型机的工艺循环示意图

（3）激光器及冷却系统。

激光器由二氧化碳激光管、激光电源、控制器及外光路组成，它能提供加工所需能量。冷却装置由可调恒温水冷却器及外管路组成，用于冷却激光器，以提高激光能量稳定性。

（4）HRP-LOM 系统对操作人员的要求。

① 操作人员在操作过程中不得将头、手等部位伸进激光光束范围内，以免被激光灼伤。

② 调整系统时，必须戴上防护眼镜。

③ 设计准备工作完毕后，进入正常工作状态，须关闭机器门窗（盖），且在加工过程中

不得随意开启。

四、实训内容与步骤

HPR-LOM 系统软件界面概述。

1. [主窗口]

启动 HRP2004 应用程序后，打开一个 STL 文件，将出现如图 7-1-3 所示的主窗口。

（1）菜单。包括 [文件]、[显示]、[设置]、[制造]、[模拟] 和 [帮助]。

（2）工具栏。它的功能与菜单中的一些功能选项相同。

（3）视图窗口。视图窗口分为 3 部分：右边的实体视图、左上的当前层视图和左下的叠层视图。

（4）控制台。包含了版本号、工件实体视图、制造过程中的相关信息。

（5）状态栏。显示了实体的长宽高等信息。当鼠标在绘图窗口时，状态栏将跟踪显示其二维坐标。

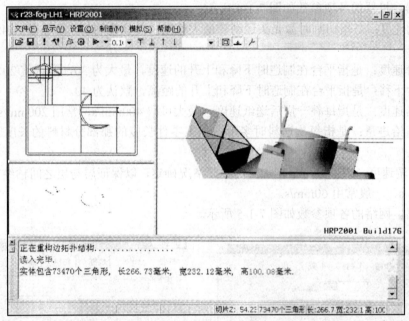

图 7-1-3　HRP2004 程序主窗口对话框

（6）功能窗口。把鼠标置于实体视图区域，点击右键，便出现此窗口。该窗口包含了几个功能项，如实体变换、制造设置等，这些功能项在菜单及工具栏上都有，这里不做详述。

2. [文件]

用鼠标激活 [文件] 下拉菜单。

（1）[打开]。打开软盘或硬盘中所需的 STL 文件。

（2）[保存]。在编辑 STL 文件后，用旧文件名保存文件。

（3）[另存为]。在编辑 STL 文件后，用新文件名保存文件。

（4）[退出]。退出 HRP2004 系统，返回 Windows 环境。

（5）[文件]。下拉菜单最多将显示 9 个最近打开过的 STL 文件。

3. [显示]

用鼠标激活该下拉菜单。

（1）［工具栏］。显示/隐藏工具栏。

（2）［状态栏］。显示/隐藏状态栏。

（3）［控制台］。显示/隐藏控制台。

① 可选择的 3D 投影方式有［透视投影］、［正交投影］，一般使用［正交投影］。［透视投影］可进行旋转、放缩，一般用来观察模型的三维造型。［正交投影］可以在左边视图中显示截面形状，在工作中一般选用它。

② 可选择的 3D 显示方式有［点网模式］、［框架模式］、［填充模式］，一般使用［填充模式］。［显示轴线］选中后，主视图中将会在当前层显示一根轴线，便于观察。

4.［设置］

在制作新模型之前，必须设置有关成型过程的一些参数，用鼠标激活［设置］下拉菜单。

（1）［实体变换］用于缩放、旋转实体。用鼠标激活［系统］项。

（2）［制造设置］包括机器、网络、边框、材料、高级 5 方面的参数设置。

① 机器。机器的各项参数如图 7-1-4 所示。

a. 切割速度：是指切割时激光头运动的最大速度，该参数的最大值不超过 450，一般取 300～400。

b. 平台速度：是指平台在制造时下降和上升的速度，最大为 30，默认值 20。

c. 平台下移：是指平台在制造时下降和上升的距离，默认为 40。

d. 送料速度：是指每叠一层后送纸速度，最大可取 400mm/s，常用 200mm/s。

e. 材料给进量：是指每次送料时多于被加工零件长度的那部分材料的长度。一般设为 10～15mm。

f. 加热辊速度：该参数可根据加工的实际情况确定，以保证层与层之间粘结牢固，最大可取 400mm/s，一般常用 60mm/s。

② 网络。网络的各项参数如图 7-1-5 所示。

图 7-1-4 制造设置中机器选项对话框

图 7-1-5 制造设置中网络选项对话框

a. 基本网格尺寸：该值越大则网格就越稀，相反则越密，该参数的取值根据被加工零件的大小而变。

b．XY 变网格：细窄部分小于门限值后开始进行变网格划分，划分次数就是级别数。

c．细节变网格：

d．Z 变网格：上下两层截面之间边长剧减、剧增时，用 Z 变网格易于剥离。

③ 边框

a．内框距实体的距离。

b．边框宽度：是指外框与内框的距离。

c．外框倒角：是指外框的圆弧的半径。

④ 材料。

a．Z 突变网格比较层数：是指划分突变网格的层数，默认值为 1。

b．纸宽：是指纸的宽度。

c．纸厚：是指每次纸的厚度。

⑤ 高级：高级设置的参数如图 7-1-6 所示，一般使用组合键调出高级对话框。

a．工作区尺寸：是指工作区的长宽高尺寸。

b．实体中心位置：是指被加工零件的中心点在工作区里的位置。

c．加热辊补偿系数：是指在加热辊热压纸的过程中走的长度不准确时的补偿系数，如果走的长，可以把这个系数设置的小一些，反之把这个系数设的大一些。

d．送纸补偿系数：是指送纸电机送纸的长度不准确时的补偿系数，如果送纸送的长，可以把这个系数设置的小一些，反之把这个系数设的大一些。

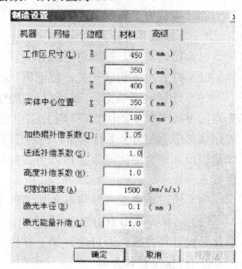

图 7-1-6　制造设置中高级选项对话框

e．高度补偿系数：是为了防止零件加工后膨胀，在加工过程中把实际高度第乘这个系数。

f．切割加速度：是指切割时的激光运动加速度，该值一般取 1500mm/s。

g．激光半径：是指切割用的激光束经聚焦后光斑的半径，虽然很小，但仍有一定尺寸。在切割模型的轮廓时会产生一定的尺寸误差。为此，系统采取补偿措施，以使实际切割而成的轮廓尽可能接近理论轮廓线。激光半径通常由制造商设置。

h．激光能量补偿：是指激光能量的缩放系数。在新激光器刚开始使用时，该系数可以小一点，当激光器用久了，能量有所衰减，必须把系数加大。该系数的取值范围在 0.6～1.5 之间。

五、实训练习

学生熟悉软件、机床的操作。

项目二　典型零件加工

一、实训目的

1．掌握快速成型机工艺流程。

2．掌握快速成型机加工方法。

3．培养学生动手能力。

二、实训设备

1．纸状材料。

2．快速成型机一台。

3．电脑一台。

三、相关知识

开机前的准备工作。

1．给 X 轴、Y 轴、Z 轴、丝杆上润滑油。

2．用清洁剂清除工作台面上残渣。

3．检查光学镜片是否被污染，若不干净则用镊子夹带酒精的脱脂棉轻轻擦镜片。

4．制冷器中的水箱是否水充足，若不是则需充水进去。

5．安装好准备做模型的卷纸。

四、实训内容与步骤

1．开机操作

（1）接通市电，打开总电源开关。

（2）打开机床钥匙开关，按下调试按钮，并且启动计算机。

（3）计算机启动完毕后，运行 HRP2004 程序，用鼠标点击菜单中的［制造］下拉菜单，先点击下拉菜单中的［打开强电］，强电启动，同时制冷器开始制冷：然后用鼠标点击 HRP2004 程序菜单中［制造］下拉菜单，再点击下拉菜单中［打开加热器］，加热器开始加热，然后把加热辊拉到平台中间同步加热。当数控柜操作面板上温度控制器显示温度达到设定值，即可进行下一步。

（4）通过磁盘或网络将准备加工的 STL 文件调入计算机中。

（5）用鼠标点击 HRP2004 菜单中的［文件］下拉菜单，将 STL 文件调入 HRP2004 系统，至此开机操作完成，即可进行加工零件的预处理工作。

2．新模型制作步骤

（1）点击［设置］菜单，单击［制造设置］项，出现制造设置对话框，设置系统的模型制作参数。

① 单击"机器"，设置切割速度，平台速度，送料速度，加热辊速度，材料进给量，平台下移，切割精度。

② 单击"网格"，设置基本网格尺寸，XY 变网格（门限、级别），细节变网格（比值），Z 变网格（门限）:

③ 单击"边框"，设置内框距实体距离，边框宽度，边框倒角。设置完毕后，单击"确定"按钮。

（2）选择工具条的"模拟制作"可进行模拟制造。

（3）选择［制造］菜单，开始制造工作。

① ［制造］菜单中选［回零项］，系统各轴回到各自的起点位置。

② 在工作台上固定一张白纸，点击［制造］下拉菜单中的［制造］，出现制造对话框，点击对话框中的"切外框"，X-Y 扫描单元在纸上扫描出模型的最大轮廓线，做好标记，在最大轮廓线内部粘上双面胶带，再粘上一层大小适当的纸（注胶面向上），然后点击对话框中的"切外框"除去轮廓外多余的白纸和双面胶带。

③ 将纸铺好，激活［制造］下拉菜单中的［制造］，出现制造对话框，单击"基底"按钮，系统进行一次循环的基底制造。按此法做 4～6 层，使不在基底范围内的纸不粘台面即可。

④ 激活［制造］下拉菜单中的［制造］，出现制造对话框，设置制造对话框中的编辑框，

在"从："后输入起始高度，起始高度设置为用户所需要的模型的开始高度（一般设为-0.5mm），在"到："后输入终止高度，终止高度是模型的高度。最后单击"连续制造"按钮，既可开始全自动制造。

⑤ 关上门，并且把送纸端、收纸端的光电开关放在适当的位置，然后关闭调试按钮。

⑥ 模型做完，系统自动停止工作。

（4）未完成模型继续制造步骤

① 如果重新启动 HRP2004 程序，打开制造对话框后，把起始高度设成物体现在实际高度，再按下连续制造键便可进入全自动制造。物体的实际高度由用户在上一次关闭 HRP2004 程序之前纪录。最好使用电熨斗或加热辊把模型表面来回进行一下加热，效果会更好。

② 如果 X 或 Y 移动过，致使系统不在零位置，比如则继续制造之前必须对系统进行回零操作。回零高度应在默认值上加上已做模型的高度。

3. 关机

在全自动制造过程中，如果想停止制造，则可用鼠标单击正在制造对话框上的"中止"按钮，弹出一个对话框，按下"是"按钮（注：记录当前的高度）。再依次点击［制造］下拉菜单中［关闭加热器］和［关闭强电］。点击窗口右上角的关闭按钮"X"或［文件］中的［退出］，然后关闭计算机。依次关闭钥匙开关，再关闭总电源开关，最后拔掉市电电源。

4. 系统暂停

在全自动制造过程中，如果想暂时停止制造，则可用鼠标单击正在制造对话框上的"暂停"按钮，系统切完当前层后将自动停下来。暂停后欲继续做，再点击正在制造对话框中的"暂停"按钮即可。

系统在运行过程中如果因某种原因要立即停机，则按下数控柜操作面板上警停按钮。警停后如果加热辊在模型上，则手动使加热辊离开模型，以免烫坏模型。

5. 模型的后处理

（1）模型做完后，系统自动停机。

（2）待做完的模型冷却后，方可从工作台上取下。

（3）用专用工具小心去掉废料。

（4）用木工工具稍做打磨即可。

五、实训练习

学生练习典型零件的加工。

项目三　图档保存与转换技术（选修）

一、实训目的

1. 掌握快速成型机图形编辑。

2. 掌握快速成型机图形转换。

二、实训设备

1. 纸状材料。

2. 快速成型机一台。

3. 电脑一台。

三、相关知识

图形预处理。图形软件将 HRP 系统所接受的文件转化为 STL 格式文件。三维 CAD 实现模型通过CAD造型软件转化成三角形面化的数据模型。HRP系统可通过网络或软盘接上STL文件。

四、实训内容与步骤

开机完成后，通过菜单的［文件］下拉菜单，读取STL文件，并显示在屏幕实体视图框中，如果模型显示有错误，请退出HRP2004软件，用修正软件自动修正，然后再读入，直到系统不提示有错误为止。通过［设置］下拉菜单中的［实体变换］菜单，将实体模型进行适当的旋转，以选取理想的加工方位。加工方位确定后，利用［文件］下拉菜单的［另存为］或［保存］项存取该模型，以作为即将用于加工的数据模型。如果是未做完的模型，开机进入HRP2004软件系统后，用鼠标直接点击文件下拉菜单下方该模型对应的文件。

五、实训练习

学生练习图形转换。

第二节　北京殷华快速成型机

项目一　开机与软件绘图

一、实训目的

1. 熟悉快速成型机结构。

2. 熟悉快速成型机软件使用。

3. 掌握快速成型机操作方法。

二、实训设备

1. 塑料线状材料。

2. 快速成型机二台。

3. 电脑一台。

三、相关知识

快速成型机的原理。

（1）输入输出：STL文件、CSM文件（压缩的STL格式）和CLI文件。数据读取速度快，能够处理上百万片面的超大STL模型。

（2）三维模型的显示：在软件中可方便地观看STL模型的任何细节，并能进行测量和输出。鼠标＋键盘的操作，既简单又快捷，用户可以随意观察模型的任何细节，甚至包括实体内部的孔、洞和流道等。基于点、边、面3种基本元素的快速测量，能自动计算并报告选择元素间各种几何关系，不需切换测量模式，简单易用。

（3）校验和修复：自动对STL模型进行修复，用户无需交互参与；同时提供手动编辑功能，大大提高了修复能力，不用回到CAD系统重新输出，节约时间，提高工作效率。

（4）成型准备功能：用户可对STL模型进行变形（旋转、平移、镜像等）、分解、合并和切割等几何操作；自动排样可将多个零件快速地放在工作平台上或成形空间内，提高快速成形系统的效率。

四、实训内容与步骤

快速成型机软件的概述。

1. 快速成型机的显示

在Aurora中可方便地观看STL模型的任何细节，并能测量和输出。通过鼠标＋键盘的操作，用户可以随意观察模型的任何细节，甚至包括实体内部的孔、洞、流道等。全部的显示命令都在视图和标准视图两个工具条中，如图 7-2-1 所示。

图 7-2-1　查看和标准视图工具条

2. 显示模式

三维图形窗口中有 5 种显示模式供用户选择：线框、透明、渲染、包围盒、层片。其中 4 种显示模式如图 7-2-2 所示。

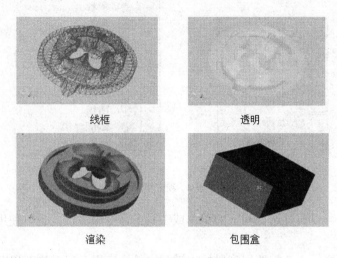

图 7-2-2　4 种显示模式比较

（1）线框：显示 STL 三角面片的边。

（2）透明：以透明方式显示模型。

（3）渲染：以三维渲染模式显示模型（这是最常用的显示模式）。

（4）包围盒：简化模型，以模型的正交包围盒显示。

（5）层片：显示二维模型的层片。

3. 投影方式

在三维模型显示中，有两种投影方式：正交投影和透视投影。如图 7-2-3 所示。通过命令可以在这两种模式间进行切换。采用透视投影时，距离用户较近的模型显示的大一些，较远的显示的小一些，真实感也好于正交投影。

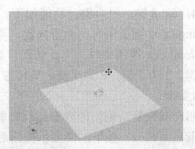

图 7-2-3　正交投影和透视投影

4. 视图变换

通过视图变换，可旋转、放大和缩小模型的任何部位，让用户更详细地了解模型的细节和整体结构，同时有 7 个预定义的标准视图供用户选择。视图变换命令如图 7-2-4 所示。

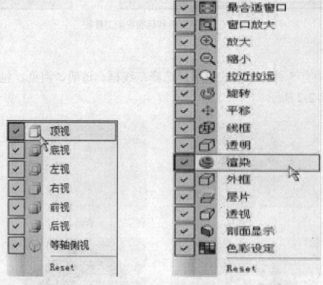

图 7-2-4　视图变换命令

视图变换命令可以通过选择相应的菜单或工具条命令来激活，也可使用鼠标和键盘直接激活。

由于这些视图变换命令需要用到鼠标中键和滚轮来实现，所以推荐用三键滚轮鼠标。

从菜单或工具条激活视图变换命令，可以使用鼠标左键完成剩余工作。

（1）鼠标操作：鼠标中健是本软件的视图变换快捷键，按下鼠标中键，然后配合键盘操作，就可完成各种视图操作。

① 旋转：在图形窗口按下鼠标中键，然后在窗口内移动鼠标，就可实时旋转视图。

② 平移：按住 Ctrl 键，然后在图形窗口按下鼠标中键，移动鼠标，就可实时平移视图。

③ 放大缩小：向前或向后旋转滚轮，即可放大或缩小视图。

（2）键盘操作：该功能通过右侧的小键盘来实现。各键功能如下。

① 5　键：固定键，视图回到顶视方向。

② 1，3 键：缩放键，1 为放大，3 为缩小。

③ 7，9 键：旋转键，旋转轴垂直于平面，7 为逆时针，9 为顺时针。

④ 2，4，6，8 键：组合键，功能如下。

a. 当 NumLock 键关闭时，为方向键，可以平移视图，方向如该键上的方向所示。

b. 当 NumLock 键锁住时，为旋转键，4，6 为左右旋转键，4 为左旋，6 为右旋；2，8 为上下旋转键，2 为下旋，8 为上旋，旋转方向和键上的箭头所示相符。

5. 剖面显示

剖面显示在观察复杂模型的内部结构时非常有用，用户可以定义剖面的法向和位置，并观察剖面的前后两部分。按下剖面显示按钮后，系统弹出"裁剪面设定"对话框，如图 7-2-5 所示。

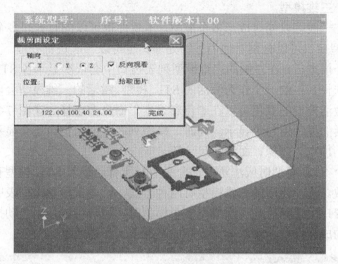

图 7-2-5　裁剪面设定对话框

该对话框中各选项功能如下所示。

① 轴向：确定裁剪面（及剖面）的法向，分为 X 轴，Y 轴，Z 轴。

② 位置：确定剖面的位置，可以输入，也可拖动下面的滑动条，动态确定剖面位置。

③ 反向观看：显示剖面相反一边的模型。

④ 拾取面片：在当前模型上拾取三角面片，以该面片作为剖分面。当未选择该选项时，可以在当前模型上选择顶点，以该顶点确定剖分面的位置。

6. 三维模型操作

三维模型操作包括坐标变换、模型分割、分解、合并、排样等，下面一一进行介绍。

（1）坐标变换。坐标变换对话框如图 7-2-6 所示。

图 7-2-6　坐标变换对话框

几何变换对话框平移：平移是最常用的坐标变换命令，它将模型从一个位置移动到另一个位置。坐标变换是对三维模型进行缩放、平移、旋转和镜像等。这些命令将改变模型的几何位置和尺寸。坐标变换命令集中在"模型>几何变换"菜单中的几何变换对话框内，分为平移、平移至、旋转、缩放和镜像这 5 种。

（2）处理多个三维模型。

快速成型工艺一般可以同时成形多个原型。本软件也可以同时处理多个 STL 模型。系统载入多个 STL 模型后，可以分别对他们进行处理，也可以一起进行处理。

系统载入多个模型后，在左侧的三维模型列表窗口中会依次显示各 STL 文件名，用户可以在树状列表中选择其中的一个作为激活的 STL 模型。激活的三维模型会以不同的颜色在图形窗口中显示，激活模型的颜色可以在"色彩设定"命令中选择。在图 7-2-7 中，同时载入了多个模型，激活的模型用粉色显示。同时，模型列表下面的窗口还会显示选中模型的模型信息，包括面片、顶点、体积、面积、尺寸等。

同时载入多个 STL 模型时应注意：部分命令对所有已载入 STL 模型有效，另一部分则只对当前模型有效。选择激活的三维模型有两种方式，一是鼠标单击列表中该 STL 的名称，另一种是在图形窗口中选择。当一次成型多个模型时，用户可以使用自动排样功能，该命令能自动安排模型的成型位置，可以大大提高成型准备工作的效率。

图 7-2-7　色彩设定对话框

（3）三维模型合并，分解及分割。

为方便多个三维模型处理，可以将多个三维模型合并为一个模型并保存。在三维模型列表窗口中选择零件，然后选择"合并"命令合并后自动生成一个名为"Merge"的模型。

（4）三维模型的测量和修改。

测量用户拾取被测量体后，系统将弹出一个窗口，显示被测体的几何信息。当修改 STL 模型出现错误，自动修复功能不能完全修复后，可以使用修改功能对其进行交互修复。

五、实训练习

学生练习图形的处理。

项目二　典型零件加工

一、实训目的

1. 掌握快速成型机工艺流程。
2. 掌握快速成型机加工方法。
3. 培养学生动手能力。

二、实训设备

1. 塑料线状材料。
2. 快速成型机二台。
3. 电脑一台。

三、相关知识

开机启动 Aurora 软件，从桌面和开始菜单中的快捷方式都可以启动本软件。软件启动后的界面如图 7-2-8 所示。

Aurora 软件界面由 3 部分构成：

（1）菜单和工具条，位于界面上部，用于显示菜单及工具条的功能；

（2）工作区窗口，位于界面左侧，有三维模型、二维模型和三维打印机三个窗口，用于显示 STL 模型列表等；

（3）图形窗口，位于界面右侧，用于显示三维 STL 或 CLI 模型，以及打印信息。

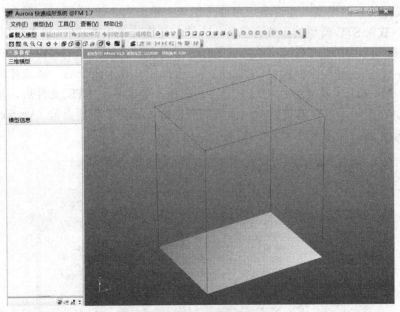

图 7-2-8　软件界面对话框

四、实训内容与步骤

（1）第一次运行 Aurora 需要从三维打印机/快速成型系统中读取一些系统设置。首先连接好三维打印机/快速成型系统和计算机，然后打开计算机和三维打印机/快速成型系统；启动软件，选择菜单中"文件>三维打印机>连接"，系统自动和三维打印机/快速成型系统通信，并读取系统参数。三维打印机/快速成型系统的系统参数将自动保存到计算机中，以后就不必每次读取了。

（2）初始化。初始化对话框如图 7-2-9 所示。

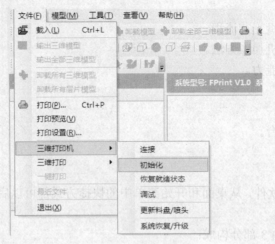

图 7-2-9　初始化对话框

（3）载入 STL 模型。STL 格式是快速成形领域的数据转换标准，几乎所有的商用 CAD 系统都支持该格式，如 UG/II、Pro/E、AutoCAD 和 SolidWorks 等。在 CAD 系统或反求系统中获得零件的三维模型后，就可以将其以 STL 格式输出，供快速成形系统使用。STL 模型是三维 CAD 模型的表面模型，由许多三角面片组成。输出为 STL 模型时一般会有精度损失，请用户注意。载入 STL 模型的方式有多种，方法一是选择菜单"文件>载入模型"；方法二是在三维模型图形窗口中使用右键菜单，或是在三维模型和二位模型列表窗的右键菜单中选择"载入模型"；方法三是按快捷键"CTRL＋L"。选择任一载入命令后，系统弹出打开文件对话框，选择一个 STL（或 CSM，CLI）文件。选择一个或多个 STL 文件后，系统开始读入 STL 模型，并在最下端的状态条显示已读入的面片数（Facet）和顶点数（Vertex）。读入模型后，系统自动更新，显示 STL 模型，如图 7-2-10 所示。

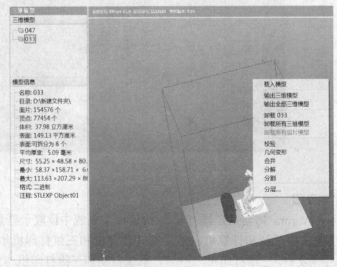

图 7-2-10　模型显示对话框

当系统载入 STL 和 CLI 模型后，会将其名称加入左侧的三维模型或二维模型窗口。用户可以在三维模型窗口内选择 STL 模型，也可以用鼠标左键在图形窗口中选择 STL 模型。

载入多个 STL 模型的对话框如图 7-2-11 所示，在载入多个 STL 模型时请注意，本软件中一些操作是针对单个模型的，所以执行这些操作前，必须先选择一个模型作为当前模型，当前模型会以系统设定的特定颜色显示（该颜色在"查看>色彩"命令中设定）。CSM 文件为压缩的 STL 模型，将 STL 文件的大小大约压缩为原文件的 1/10，方便了用户的传输和模型交换，且该格式的文件可以直接读入。选择同样的命令，可以载入 CSM 和 CLI 文件，不过要在"打开文件对话框"中选择合适的文件类型。

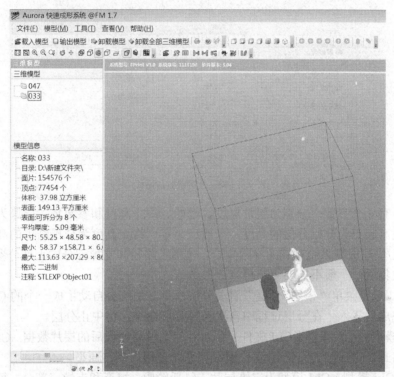

图 7-2-11　载入多个 STL 模型对话框

（4）模型分层。

① 分层前的准备。分层是三维打印/快速成型的第一步，在分层前，首先要做如下准备：第一，检查三维模型（看是否有错误，如法向错误、空洞、裂缝、实体相交等）；第二，确定成型方向（把模型旋转到最合适的成型方向和位置）。本软件自动添加支撑，无需用户添加，还能同时对多个模型分层。如果用户只对一个模型分层，应在三维模型窗口选中该模型。分层参数如图 7-2-12 所示。

分层后的层片包括 3 个部分，分别为原型的轮廓部分、内部填充部分和支撑部分。其中轮廓部分根据模型层片的边界获得，可以进行多次扫描。内部填充是用单向扫描线填充原型内部非轮廓部分，根据相邻填充线是否有间距，可以分为标准填充（无间隙）和孔隙填充（有间隙）两种模式：标准填充应用于原型的表面，孔隙填充应用于原型内部（该方式可以大大减小材料的用量）。支撑部分是在原型外部对其进行固定和支撑的辅助结构。分层参数包括 3 个部分，分别为分层、路径和支撑。大部分参数已经固化在三维打印机/快速成型系统中，用户只需根据喷嘴大小和成型要求选择合适的参数集即可，一般无需对这些预设参数进行修改。因软件升级的原因，可能增加或删除部分参数项，这些变动不会影响本软件的使用。

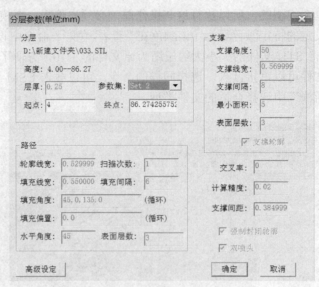

图 7-2-12　分层参数对话框

分层部分有 4 个参数，分别为层片厚度、起始、终止高度和参数集。层厚为快速成形系统的单层厚度。起点为开始分层的高度，一般应为零。终止高度为分层结束的高度。参数集为三维打印机/快速成型系统预置的参数集合，包括了路径和支撑部分的大部分参数设定。选择合适的参数集后，一般不需要用户再修改参数值。

② 分层。选择菜单"模型>分层"启动分层命令，系统会自动生成一个的 CLI 文件，并在分层处理完成后载入。在分层过程中再次选择分层命令，将中止分层。

③ 层片模型。层片模型（CLI 文件）存储对三维模型处理后的层片数据。CLI 文件是本软件的输出格式，供后续的三维打印/快速成型系统使用，制造原型。

④ 显示 CLI 模型。CLI 模型为二维层片，包括轮廓、填充和支撑三部分，每层对应一个高度。本软件可以载入 CLI 文件并显示其图形，载入 CLI 模型的方法和载入 STL 文件的方法类似。选择载入命令后，在系统弹出的打开文件对话框中选择一个 CLI 文件，然后单击确定按钮。层片模型载入后，系统自动切换到二维模型窗口，将 CLI 文件加入二维模型列表中，并在右侧窗口显示第一层。二维模型窗口以平面方式显示 CLI 层片（CLI 模型也可在三维模型窗口中显示），它的二维模型显示窗口对话框如图 7-2-13 所示。

与三维模型类似，同样可以使用各显示命令结合鼠标操作对 CLI 模型进行放大、旋转等操作。CLI 可以整体进行三维显示，也可显示单层轮廓填充。CLI 层片中的不同实体用不同颜色显示，实体共分为三种：轮廓、填充和支撑。其显示颜色可以在"色彩设定"对话框中选择。利用层片浏览工具条上的命令，我们可以查看该层片文件的每一层。二维模型窗口对话框中的层片浏览命令如图 7-2-14 所示。

（5）辅助支撑。

辅助支撑是在打印的模型中人为地增加一个辅助结构。打印时，辅助支撑会从第一层开始打印，直到模型的支撑部分打印完成为止，而不再有主副喷头的切换动作了。系统提供了

4种形式的辅助支撑结构，可以满足加工不同模型时的使用。辅助支撑主要有以下4种。

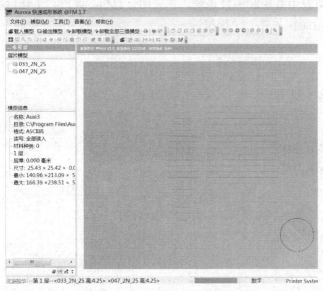

图 7-2-13 二维模型窗口对话框

图 7-2-14 层片浏览命令

① 三角形辅助支撑。

② L形辅助支撑。

③ 圆形辅助支撑。

④ 长方形辅助支撑。

（6）通过"文件>打印>三维打印机>三维打印预览"可以查看零件加工时间、主材料用料、副材料用料，如图7-2-15所示。

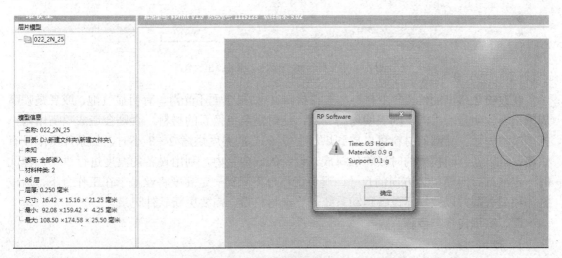

图 7-2-15 三维打印预览对话框

（7）打印模型。

打开三维打印机/快速成型系统，完成打印准备工作后，即可开始打印。选择命令"文件>三维打印>打印模型"，系统弹出"三维打印"对话框，用户可以选择要输出的层数，即"层片范围"中的开始层和结束层,系统默认从第一层到最后一层,其他参数为预留选项,暂时没有使用。打印完成后,系统自动关闭数控和温控系统,并关闭计算机。此时,工作台下降,可取出模型,然后关机或重新开始制作另外一个模型。

五、实训练习

学生练习典型零件的加工。

项目三 快速成型机装丝(选修)

一、实训目的

1. 掌握快速成型机材料的撤出方法。
2. 掌握快速成型机材料的装填方法。
3. 培养学生动手能力。

二、实训设备

1. 塑料线状材料。
2. 快速成型机二台。
3. 电脑一台。

三、相关知识

系统运行一段时间后,可能会出现材料剩余不足,或者是材料受潮,需要更换新材料的情况。当在剩余材料不足的情况下打印模型,系统会弹出警告窗口。成型材料不足与支撑材料不足时系统弹出的窗口如图 7-2-16 所示。

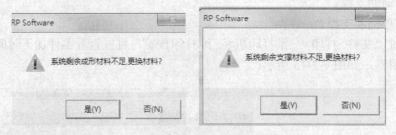

图 7-2-16 剩余材料不足时,系统弹出的窗口

观察喷头挤出的丝(含主材料与支撑材料),如果表面不光滑,有明显气泡,或者是喷嘴周围出现较明显的水汽,则表明丝材受潮,这时需要更换新的材料,否则会造成喷嘴堵塞,打印模型失败。受潮的材料可以放到烘箱中以 60℃ 的温度烘烤 2～3 小时,如条件所限没有烘箱,可以在打印模型的时候将丝材放在设备的成型室内,利用设备的温度进行烘干,但此时一定注意打印模型 Z 方向的尺寸,避免工作台下降到一定高度将丝盘卡在工作台下,造成打印模型失败,以致损坏设备运动系统。更换材料后,需要更新软件记录。

四、实训内容与步骤

1. 撤出材料

(1)打开"调试对话框",点击"撤出材料或者撤出支撑",根据实际需要更换的丝材点击相应的按钮。点击后,启动将自动开启温控。

(2)温度上升到设定值时,喷头将开始撤丝。撤出一段丝后,系统将自动停止。

(3)打开丝盘箱,扳开送丝机构的压杆,将丝材抽出,送丝机构示意图如图 7-2-17 所示。

(4)取出料盘。

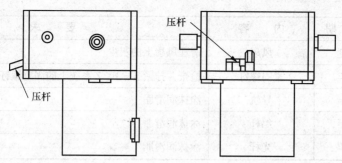

图 7-2-17　送丝机构压杆

（5）点击"调试对话框"中的关温控（如马上换丝的话，此步骤省略）。

2．送入材料

（1）将料盘放入设备，将丝材插入送丝机构。

（2）在送丝机构处手工送入材料，直至丝材伸到喷头丝管接头处，感觉手推不动丝材为止。

（3）将送丝机构压杆推回到原位，关闭丝盘箱门。

（4）打开"调试对话框"，点击"主喷头开"或者"副喷头开"，系统将自动升温。系统升温到指定温度后，喷嘴有材料挤出。

（5）在喷头挤出丝的同时观察丝盘箱内送丝机构处送丝是否正常，如正常则关闭丝盘箱门。

（6）待系统挤出丝材后，点击"关温控"。

五、实训练习

练习更换材料。

项目四　快速成型机典型故障处理（选修）

一、实训目的

1．掌握快速成型故障的识别。

2．学会解决快速成型机的一般故障。

二、实训设备

1．塑料线状材料。

2．快速成型机二台。

3．电脑一台。

三、相关知识

快速成型设备/三维打印机是精密设备，所以需要定期检查、维护、保养。具体的维护周期如表 7-2-1 所示。

表 7-2-1　　　　　　　　　快速成型设备/三维打印机的维护周期

序　号	周　　期	内　　容	要　　求
1	每次	工作台底板	如有变形或残留材料则清理或更换
2	每次	成型室	清理成型室内部的残留物
3	一周	喷嘴	更换喷嘴，将更换下的喷嘴泡在丙酮溶液中，并清理干净
4	一周	送丝机构	用洗耳球清除粉末

序　号	周　期	内　容	要　求
5	季度	风扇	清理风扇上的灰尘
6	半年	紧固螺钉	检查并拧紧 X、Y、Z 系统上的固定螺钉
7	半年	导轨	涂抹润滑脂
8	半年	丝杆	涂抹润滑脂
9	半年	光杆	涂抹润滑脂

四、实训内容与步骤

故障分析。

1. 喷头出丝不畅

检查材料是否受潮，观察喷头挤出的丝，如果表面不光滑，有明显的气泡，丝材打卷、弯曲或者喷嘴周围出现明显的水汽，则表明丝材受潮。图 7-2-18 所示为受潮的一种表现。

图 7-2-18　喷丝不畅与正常出丝

解决办法：将材料取出，放进烘箱，将烘箱温度设定为 60℃，对材料进行烘干，时间 3～4 小时。

2. 喷头温度不能达到设备设定的温度（主喷头 230℃，副喷头 220℃）

检查喷头加热棒连接线是否接触良好，检查插头是否有退针或松动；拆开设备后盖，检查控制盒后相应的保险管内的保险丝是否烧断，若烧断，更换同型号的保险管。

若以上部件均无问题，则直接更换喷头。若仍无法解决，请联系厂家维修。

3. 偶尔出现喷头温度过低或者过高报警

检查喷头加热棒连线是否接触良好，查看插头是否有退针或松动。若两个五心插头均正常，请直接更换喷头，更换喷头后若还有此现象，请联系厂家。

4. 机壳散热和喷头散热风扇发出啸声

散热风扇内轴承缺少润滑油，将风扇拆下，取下扇叶的中心部位的标签与扣盖，加普通润滑油即可。

5. 照明灯不亮

检查开关是否打开，并检查照明灯的种类，对于照明灯是"射灯"的，用户可直接更换射灯灯泡，对于照明灯是"LED 组件"的，需向厂家订购再进行更换。

6. 计算机与设备无法连接

点击初始化后，弹出如下提示：

① 没有打开设备电源系统；

② 拔下 USB 延长线，重新连接电脑上其他接口；

③ 如若不行，更换 USB 延长线；

④ 如果做完系统恢复后未重启设备，请关闭电源，间隔 30 秒后再次打开设备电源。

五、实训练习

学生练习排除上述故障。

第三节 飞雕雕铣机

项目一 控制面板操作

一、实训目的

1. 了解雕铣机床加工原理。

2. 学习机床控制面板各按键作用。

3. 练习机床的基础操作方法。

二、实训设备

1. 雕铣机二台。

2. 夹具一套，刀具一套。

3. 工件一个。

三、相关知识

1. **屏幕部分**

图 7-3-1 所示为雕铣机屏幕显示。（1）到

（7）的说明如下：

（1）程序编号；

（2）标题；

（3）时间；

（4）日期；

（5）资料输入；

（6）提示；

（7）状态。

2. **主功能界面**

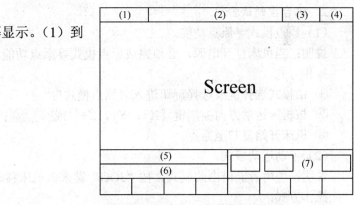

图 7-3-1 雕铣机屏幕显示

图 7-3-2 所示为新代控制器的主功能画面，新代控制器是利用屏幕下方的 F1～F8 功能键来操作的，使用者仅须按下操作键盘上 F1～F8 的功能键即可进入对应的次功能。

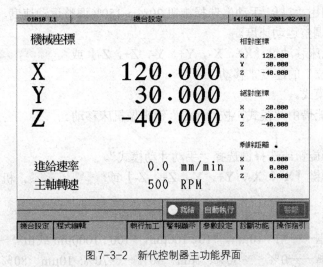

图 7-3-2 新代控制器主功能界面

四、实训内容与步骤

1. 档案管理试验

（1）F1：开启新档。操作步骤如下。

步骤1：按下"开启新档"，一个对话式窗口将显示在屏幕中，键入新的档名后接着按【ENTER】。

步骤2：在一个空的编辑画面中键入新的程序。

（2）F2：拷贝档案。按 F2 后，一个对话式窗口将显示在屏幕中，键入新的档名后接着按【ENTER】，先前的档案将被拷贝，并以不同的档名存入硬盘。

（3）F3：删除档案。按↑、↓键选择一个档案进行删除，选择后将显示一个对话式窗口，并于确认是否删除已被选择的档案。

（4）F4：磁盘机输入。按 F4，再按↑、↓、←、→键选择一个档案，按【ENTER】从网络输入一个档案。

（5）F8：网络档案输入。注：看不到联网文件夹下的次文件夹及文件

按F8，再按↑、↓、←、→键选择一个档案，按【ENTER】从网络输入一个档案。

2. 机台控制试验

（1）原点模式寻原点功能。

说明：当机床打开电源，必须完成原点模式寻原点功能。

操作方式：

① 由模式选择键或选择旋钮进入"原点模式"；

② 按机床运动方向控制键『X+，Y+，Z+』或 $^D_{X+}{}^W_{Y+}{}^O_{Z+}$；

③ 机床开始复归至原点。

（2）手动运动模式。

说明：使用者能借由此模式，按"JOG"键来做机床移动。

操作方式：

① 由模式选择旋钮或选择键进入"手动运动模式"。

② 按机床运动方向控制键『X+，X-，Y+，Y-，Z+，Z-』、『X+，X-，Y+，Y-，Z+，Z-』或 $^A_X{}^D_{X+}{}^W_{Y+}{}^X_C{}^Z_{Z-}{}^O_{Z+}$，机床将移动。

③ 操作者能利用"进倍/手动"选择旋钮 20%～150%调整运动速度，或利用"～～%"选择旋钮 0～150%调整运动速度。

④ 操作者按机床移动键『X+，X-，Y+，Y-，Z+，Z-』或 $^A_X{}^D_{X+}{}^W_{Y+}{}^X_C{}^Z_{Z-}{}^O_{Z+}$ 和快速定位键$^{S\!\phi}$，机床将以"快速定位"的速度来移动。

（3）手动寸动模式。

说明：使用者能借由此模式，按"JOG"键来做机床移动。

操作方式：

① 由模式选择旋钮或选择键选择"手动寸动模式"。

② 按机床移动键『X+，X-，Y+，Y-，Z+，Z-』或 $^A_X{}^D_{X+}{}^W_{Y+}{}^X_C{}^Z_{Z-}{}^O_{Z+}$，机床以固定的距离来移动。

③ 可由"寸动"选择旋钮来调整固定移动的距离。

移动的距离范围——*1：10μm，*10：100μm，*100：1000μm 或由"～～%"选择旋钮来调整固定移动的距离——0%～～30%：1μm　40%～～70%：10μm　80%～～110%：100μm

120%～～150%: 1000μm。

（4）MPG 寸动模式

说明：使用者能借由此模式，旋转"MPG（移动手轮）"来做机床移动。

操作方式：

① 由模式选择旋钮或选择键选择"MPG 寸动模式"。

② 选择欲移动的轴从模式旋钮。

③ 选择增量距离。

④ 旋转旋钮至『X，Y，Z』，机床以固定的距离来移动。移动的距离范围——*1：1μm，*10：10μm，*100:100μm。

（5）自动加工模式。

说明：可使用此功能自动执行 NC 程序。

操作方式：

① 由模式选择旋钮或选择键选择至"自动加工模式"。

② 在原点复归后，自动加工模式始有效。

③ 设定工作坐标（G54..G59），假如没有设定任何工作坐标，在 NC 程序 CNC 内定值为 G54。

④ 按"启动"键 █+█或█，执行 NC 程序。

⑤ CNC 将机械状态从"就绪"变为"加工中"。

⑥ 假如必要情况，则按"紧急停止开关"暂停 NC 程序。

（6）MDI 加工模式。

说明：可用此功能执行单节程序，而不用去执行 NC 程序。

操作方式：

① 由模式选择旋钮或选择键选择至"MDI 加工模式"。

② 在原点复归后，MDI 加工模式始有效。

③ 在主画面下选择 F4 "执行加工画面"。

④ 按下 F3 "MDI 输入"，屏幕中将显示一个对话框。

⑤ 在对话框键入资料后，按键输入资料。

⑥ 按"启动"键 █+█或█，执行 MDI 单节程序。

⑦ 假如目前单节程序语法正确，程序随着程序的执行而从屏幕上消失。

（7）MPG 模拟功能。

说明：可使用此功能检查 NC 程序 █+█或█或█。

操作方式：

① 由模式选择旋钮或选择键选择至"自动加工模式"。

② 按"MPG 模拟功能"按键，此键灯"亮"（限面板系统）。

③ 按"启动"键 █+█或█，执行 NC 程序。

④ CNC 将改变机械状态从"就绪"变为"加工中"，机器本身一直保持没有移动。

⑤ 可旋转"旋转手轮"来执行 NC 程序。

⑥ MPG（旋转手轮）旋转越快，机械移动速度越快（还由"～～%"选择旋钮 0～150% 的控制）。

⑦ MPG（旋转手轮）停止，CNC 机器本身也跟着停止。此功能可立即得知程序"能"/"不能"加工。

MPG 功能很人性化地辅助使用者去检查程序。

（8）单节执行。

说明：可使用此功能检查 NC 程序。

操作方式：

① 由模式选择旋钮或选择键选择至"自动加工模式"。

② 按"单节执行功能"按键，此键灯"亮"（限面板系统）。

③ 按"启动"键 + 或 ，执行 NC 程序。

④ CNC 将执行 NC 程序，但是只有执行一个单节就停止。

⑤ CNC 将改变机械状态，从"加工中"变为"暂停"。

⑥ 再次按下"启动"，则 CNC 将继续执行到下一单节。

此功能帮助使用者一个单节一个单节地检查程序。

五、实训练习

1．学生熟悉控制面板功能，要求熟记。

2．练习档案管理，程序调入模拟加工。

3．学会使用控制面板操作机台。

项目二　图形绘制与参数设置

一、实训目的

1．了解雕铣机床绘图软件的使用。

2．学习绘制平面曲线图形。

3．练习图形绘制。

二、实训设备

1．雕铣机二台。

2．联机电脑一台。

三、相关知识

JDPaint 是精雕科技多年来一直致力研制开发的、具有自主版权的、功能强大的专业雕刻 CAD/CAM 软件。这是国内最早的专业雕刻软件。JDPaint 是 CNC 数控雕刻系统正常运作的保证，能有效提高 CNC 雕刻系统使用效率和产品质量。JDPaint 专业雕刻软件经过多年的发展完善，功能日趋强大。特别是 2001 年推出的 JDPaint 4.0，它在操作流程、用户界面、图形编辑、艺术造型、曲面造型、数控雕刻等方面都有了质的提高，不仅突破了如曲面浮雕、等量切削等多项关键雕刻设计及加工技术，也充分保证了软件产品的易用性和实用性，极大地增强了精雕 CNC 雕刻机的加工能力和对雕刻领域多样性的适应能力。在应用领域上，JDPaint 软件已经彻底突破了适合标牌、广告、建筑模型等较为传统的雕刻应用范畴，在技术门槛更高的工业雕刻领域，如滴塑模、高频模、小五金、眼镜模、紫铜电极等制作业，表现同样出色，成为国内最优秀的雕刻软件之一。

随着 JDPaint 5.0 软件的推出，JDPaint 已经构建成为一个强大的开放性 CAD/CAM 软件产品开发平台，在此平台上，形成了一个具有专业特色的、功能更为全面的 CAD/CAM 软件产品家族。这个家族目前包含 JDPaint 5.0 精雕雕刻软件、JDVirs 1.0 精雕虚拟雕塑软件以及我们的合作伙伴——北京进取者软件技术有限公司基于 JDPaint 平台研发的 SurfMill 1.0 曲面造型与加工软件 3 个主要产品，软件说明见表 7-3-1。

表 7-3-1　　　　　　　　　　　　　**JDPaint 产品软件说明**

软件名称	专业特长	适合行业
JDPaint 5.0 精雕雕刻软件	（1）平面图形设计，文字排版及编辑 （2）图像矢量化与快速抄图 （3）艺术浮雕曲面与几何曲面的混合造型设计 （4）基于等量切削技术的小刀具高速精细雕刻加工支持 （5）支持针对不同行业的专业应用功能，如发饰、印章等 （6）支持多种图形、图像、NC 加工数据交换接口	适合于标牌、广告、建筑模型等行业，适合滴塑模、高频模、小五金、眼镜模等模具行业的小型产品雕刻
JDVirs 1.0 精雕虚拟雕塑软件	（1）以图像或素描手稿为起点构造浮雕模型 （2）实时地动态创建、修改、修饰浮雕曲面模型，完全的所见即所得的交互设计过程 （3）强大的浮雕曲面编辑工具使得三维浮雕曲面设计与平面图像设计一样容易	适合于三维标识、公仔模、装饰品、首饰等行业的造型设计与雕刻
SurfMill 1.0 曲面造型与加工软件	（1）提供强大的三维线框造型功能 （2）提供强大的几何曲面构造与编辑功能，全面支持 NURBS 曲面造型技术 （3）提供强大的曲面加工功能，全面支持曲面模型的粗加工、半精加工和精加工，提供曲面三维清根功能 （4）支持多种图形数据交换接口	适合于模具、工业模型等行业的设计与加工

四、实训内容与步骤

认识精雕雕刻 CAD/CAM 软件——JDPaint，从认识操作界面布局开始。JDPaint 5.0 的用户界面是 Windows 系统的标准式操作界面，如图 7-3-3 所示。这个界面具有 Windows 系统标准的菜单栏、浮动工具栏、状态栏和绘图区等。

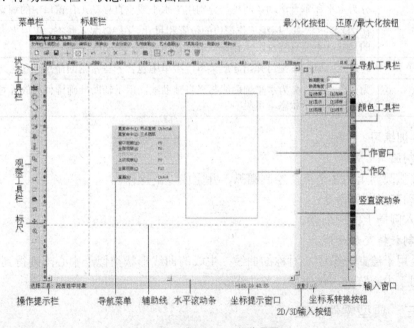

图 7-3-3　JDPaint 5.0 操作界面

JDPaint 5.0 的操作界面主要由以下部件组成，见表 7-3-2。

表 7-3-2   **JDPaint 5.0 操作界面主要部件**

名　称	作　用
标题栏	显示当前正在执行的应用程序和正在处理的文件名称
菜单栏	菜单栏列出了应用程序可使用功能的分类
状态工具栏	状态工具栏中的每个按钮分别对应不同的命令工具状态，每种状态对应不同的系统工作环境，可以完成相应的对象操作
观察工具栏	最常用的工具栏之一，主要支持平面视图和三维视图操作
导航工具栏	用于引导用户进行与当前状态或操作相关的工作
颜色工具栏	颜色工具栏可设置对象的显示颜色或填充颜色
操作提示栏	显示正在使用功能的操作过程提示和操作结果
坐标提示窗口	显示鼠标在工作窗口中的坐标位置
输入窗口 2D/3D 输入按钮	一些功能的操作过程允许通过键盘输入坐标或数值数据。这时，位于操作提示栏上的输入窗口会自动打开，准备接受键盘输入。所有的键盘输入，必须在英文输入状态下进行 该按钮提示为"投影"时，此时键盘输入的三维点或者空间捕捉点将直接投影到当前绘图平面上，作为当前绘图平面上的输入点。 该按钮提示为"空间"时，此时键盘输入的三维点或者空间捕捉点将作为系统三维空间点直接输入
坐标系转换按钮	该按钮提示为"U"时，此时键盘输入的点将作为当前绘图面坐标系下输入的点处理。 该按钮提示为"W"时，此时键盘输入的点将作为系统世界坐标系下输入的点处理
工作窗口	用来绘图和对图形进行操作的区域
工作区	用来表示设计工作的参照区域
滚动条	分为水平和垂直滚动条两种，分别用来水平或垂直移动工作窗口中的观察区域
标尺	在 2D 显示状态，标识工作窗口的位置和尺寸。在 3D 显示状态，仅用来表示工作窗口的尺寸，不能真实反映工作窗口的位置
导航菜单	通过点击鼠标右键可弹出导航菜单，菜单中包含一些常用的命令
辅助线	为蓝色虚线，分为水平辅助线与竖直辅助线，用于辅助准确排列和放置对象。辅助线仅在二维显示状态下可见

五、实训练习

1. 绘制圆

已知圆弧圆周上的 3 个点，绘制圆弧，并完成以下操作：

① 启动三点圆弧命令；

② 输入圆周上的三个点。

2. 绘制旋转变形曲线

此命令用于绘制一条中心对称的曲线，生成的曲线形状类似于中心阵列得到的曲线，但此命令不同于中心阵列，仅生成一条曲线。

项目三　典型零件加工

一、实训目的

1. 了解新代雕铣软件后处理。

2．学习生成刀路。

3．学习导出刀路，生成程序。

二、实训设备

1．雕铣机二台。

2．联机电脑一台。

3．新代 4.0 以上版本软件。

三、相关知识

数控加工是最能体现 CAD/CAM 技术经济效益的生产环节之一。它可以保证产品达到极高的加工精度和稳定的加工质量，操作过程容易实现自动化，具有生产效率高，生产准备周期短，可以大量节省工艺设备，能够满足产品快速更新换代的需求等优点。数控加工与 CAD 衔接紧密，能够将 CAD 设计的数字模型直接生成数控加工的指令，从而驱动数控机床进行生产制造。

JDPaint5.0 本着简单、实用、易用的原则开发实现了生成刀具路径的 CAM 部分功能。在生成路径时，它能够让用户仅从加工工艺的需求出发，从而大大地降低了对数控编程需求的门槛，降低了对使用者所需基础知识的要求。对于初学用户，它允许用户仅输入几个关键数据或使用一些缺省值便可生成路径。对于一些水平较高的用户，它能够提供一些非常精细的参数接口，以便用户能够生成加工效率很高的路径。

针对加工模型的复杂程度不同，以及加工工艺的成熟度不同，JDPaint5.0 提供了两种生成路径的方法，即加工向导和路径模板。加工向导适用于新工艺或复杂模型的加工，而路径模板更适用于成熟工艺或简单模型的加工。二者也可以结合使用，先使用路径模板生成一些常规路径，再用加工向导生成一些精修路径。利用加工向导，用户既可以只输入几个常用参数，也可以对高级参数进行精细调整，从而生成路径。而使用路径模板，用户应当根据需要先调整好若干套工艺方法，而后只用选择加工图形，再选择一组路径模板，无需输入任何参数便能生成一组路径。

在 3D 环境下生成刀具路径的流程如图 7-3-4 所示。在仔细阅读了这个流程以后，相信读者对生成路径的过程会有大概的认识。

相对 2D 下的加工而言，SurfMill 的最大特点是利用工艺树管理加工路径，利用路径编辑功能修改路径，利用加工面生成复杂模型的多个面上的路径。工艺树是应用程序界面右侧的一个树状结构。它记录了整个路径的生成过程，各路径所使用的参数、图形等，用户可以方便地编辑路径所用的参数和图形。路径编辑功能为用户提供了随意修改或调整路径的手段，利用该功能，用户可以根据需要适当修改路径，使加工更为合理有效。有许多模型都需要多面同时生成路径以便加

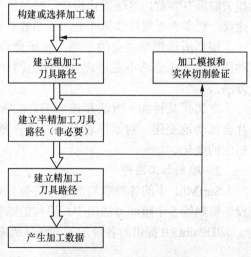

图 7-3-4　刀具路径的流程图

工，譬如首版、鞋模等。通常，在生成这些路径时，用户需要反复翻转、对齐模型，然后生成加工路径。而 SurfMill 提供了加工面，它允许用户在不旋转模型的情况下，通过定义加工平面，生成各方向上的加工路径。

四、实训内容与步骤

1. 选择雕刻加工方法

在构建加工域导航对话框中，单击"下一步"按钮，出现加工向导对话框，如图 7-3-5 所示。

图 7-3-5 设定雕刻范围对话框

在加工向导对话框的前 3 个页面中集中了各种加工方法的最常用参数，而且它可以根据用户的选择自动匹配随后的部分参数，基本可以让用户仅从加工工艺出发，由系统自动匹配生成路径所需的计算参数。而在加工向导对话框的第 4 个页面中列出了与用户所选加工方法相关的所有参数，这便能让那些已经熟练掌握 JDPaint5.0 加工的用户自由地设置参数。我们建议，初学者不要修改第 4 页加工参数对话框中的内容。

根据所选图形类型的不同，系统会自动匹配适合这类图形的最常用的加工方法。若自动匹配的加工方法不是用户打算使用的，用户可以从左侧的加工方法树中挑选适合的加工方法。

在选择某种加工方法和该加工方法所对应的某种走刀方式后，对话框右上角的预览图片会自动地变化。对话框右下角的部分参数同样会根据加工方法和走刀方式的不同而出现相应的变化。

2. 雕刻加工图形

SurfMill 中的各种雕刻加工方法被分列在钻孔雕刻、轮廓雕刻、区域雕刻、曲面雕刻和投影雕刻等 5 个雕刻方法组中。不同的雕刻方法所需的雕刻图形和应用范围也不尽相同。

JDPaint5.0 提供的各种加工方法、所需图形及其应用范围如表 7-3-3 所示。

表 7-3-3　　　　　　　　　　　　　JDPaint5.0 中的各种加工方法

类别	雕刻组	雕刻方法	所需图形	应用范围
平面雕刻	钻孔雕刻组	钻孔雕刻	点、曲线	对孔进行加工
		扩孔雕刻	点、曲线	

续表

类别	雕刻组	雕刻方法	所需图形	应用范围
平面雕刻	轮廓雕刻组	单线雕刻	曲线、文字	沿某条曲线进行切割
		轮廓切割	轮廓曲线、轮廓文字	沿某个轮廓进行切割
	区域雕刻组	区域粗雕刻	轮廓曲线、轮廓文字	用于除去平面加工中的大量材料
		残料补加工	轮廓曲线、轮廓文字	用小刀对大刀加工未到达的位置加工处理
		区域修边	轮廓曲线、轮廓文字	对区域的侧壁进行加工处理
		三维清角	轮廓曲线、轮廓文字	用大头刀或锥刀清除多条线交点附近的区域，以便棱角分明
曲面雕刻	曲面雕刻组	分层区域粗雕刻	曲面、轮廓边界	一种曲面加工，大量去除材料，使用广泛
		投影加深粗雕刻	曲面、轮廓边界	曲面加工中去除大量材料，使毛坯接近模型
		曲面残料补加工	曲面、轮廓边界	是分层区域粗雕刻的补加工，去除残余料，为精雕刻做准备
		曲面精雕刻	曲面、轮廓边界	对粗加工后的毛坯进行精修处理，以便达到零件的精度要求
		成组平面加工	曲面	对一组比较平坦的曲面进行精加工
		残料清根	曲面、曲线	用小刀对大刀加工的残留部分进行处理加工
		旋转雕刻	曲面	用于雕刻柱状零件
		残料高度清根	曲面、曲线	主要是对浮雕面的残留部分进行加工处理
	投影雕刻组	投影雕刻	曲面、路径	将路径或曲线投影到曲面上进行加工，一般用于在曲面上刻字或沟槽
		包裹雕刻	曲面、路径	将路径按长度不变原则包裹在一些形体上进行加工

3. 雕刻加工范围

雕刻加工范围用于界定雕刻加工中的高度范围等相关参数，如表 7-3-4 所示。

表 7-3-4　　　　　　　　雕刻加工范围

参　数	用　途
表面高度	决定路径起始的位置。缺省值为所选图形最高点的高度，对于平面图形，该值被设置为 0 或上次使用该方法加工的表面高度
雕刻深度	决定加工的深度范围。缺省为所选图形最高点与最低点的高度差。对于平面图形，该值被设置为 1.0 或上次使用该方法加工的雕刻深度。在加工过程中，用户应当根据需要设置深度值
侧面角度	该参数决定由曲线构成边界处侧壁的倾斜角度。当边界曲线不存在时，该参数没有意义
雕刻余量	主要是为后续加工预留一些切削量，以便保证最后生成零件的表面质量。对于曲面雕刻，该参数为曲面的表面余量；对于区域雕刻或者轮廓切割，该参数为雕刻的侧边余量

不同的雕刻方法，限定雕刻加工范围的 4 个参数也不尽相同，请参考表 7-3-5。

表 7-3-5　　　　　　　　　　JDPaint5.0 中的各种加工方法的雕刻范围

类别	雕刻组		表面高度	雕刻深度	侧面角度	雕刻余量
平面雕刻	钻孔雕刻组		√	√	—	—
	轮廓雕刻组	允许半径补偿	√	√	√	√
		关闭半径补偿	√	√		√
	区域雕刻组		√	√	√	√
曲面雕刻	曲面雕刻组	残料清根、旋转雕刻	√	√	—	√
		其他	√	√	√	√
	投影雕刻组		√	√	—	√

4. 雕刻方法参数

各种雕刻方法都有各自的常用雕刻参数。为了便于用户的访问修改，这些参数被集中在了路径向导对话框中。当用户选择不同的加工方法时，路径向导对话框中的这些常用参数就会跟随着变化。下面介绍一下这些常用参数。

（1）扩孔雕刻。

扩孔雕刻需要输入扩孔方式和扩孔直径，如图 7-3-6 所示。扩孔直径是孔的直径尺寸，如果扩孔直径比刀具直径小，那么系统就不能生成刀具路径。

（2）单线雕刻。

单线雕刻通常要关闭半径补偿，也就是说刀具沿着曲线运动。用户也可以设置半径补偿方向，如图 7-3-7 所示。

  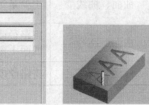 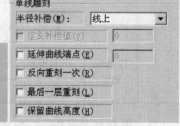

图 7-3-6　扩孔雕刻参数　　　　　　　　　　图 7-3-7　单线雕刻参数

任何切割刀具都有一定的直径，如果把轮廓曲线直接当作刀具轨迹进行切割，必然造成实际外形尺寸和设计尺寸之间存在一个刀具半径的偏差，外轮廓偏小，内轮廓偏大，这个时候，需要半径补偿。半径补偿的方式有线上、向左和向右 3 种。

① 线上表示不进行补偿。

② 向左表示路径向左偏移一个值。

③ 向右表示路径向右偏移一个值。

（3）轮廓切割。

轮廓切割的半径补偿方向通常向外偏移，也就是说刀具在轮廓外部运动。用户也可以设置半径补偿方向，如图 7-3-8 所示。

通常情况下，补偿值由选用的刀具和雕刻形状自动计算。当然用户也可以选中这个复选框，定义一个固定的半径补偿值。当半径补偿方式为线上时，该项不可用。

（4）区域粗雕刻。

用户通过绘图、扫描描图等方式得到一个区域的边界曲线。有了这个边界曲线，就可以使用区域粗雕刻功能了。适合区域雕刻的图案可以是任何图形或文字，但是这些图形必须是一个个的轮廓曲线，满足封闭、不自交、不重叠的原则，否则生成的路径可能会出现偏差。

区域雕刻加工的参数包括走刀方式及其相应的走刀参数，其中，走刀方式有3种，如图7-3-9所示，分别为行切走刀、环切走刀和螺旋走刀。区域雕刻下面有两个参数，分别为关闭半径补偿和模型外部开阔。

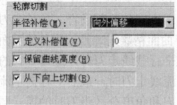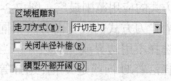

图7-3-8　轮廓切割参数　　　　　　　　　　图7-3-9　区域粗雕刻参数

（5）残料补加工。

残料补加工要求用户输入上把刀具的直径，如图7-3-10所示。残料补加工主要针对锥刀和平底刀，刀具直径指刀具的底直径。计算残料时，系统默认上把刀具和当前刀具的类型相同。

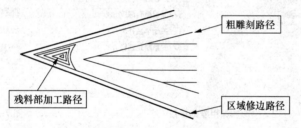

图7-3-10　残料补加工参数

（6）分层区域粗雕刻。

分层区域粗雕刻是最常用的曲面粗加工方法，主要参数包括走刀方式和边界处理方式。这里的走刀方式和区域加工中的含义完全一致。当用户没有选择边界时，系统可以按照两种方式处理刀具路径，参见图7-3-11。

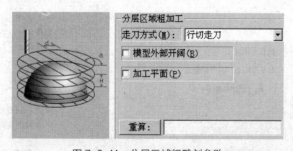

图7-3-11　分层区域粗雕刻参数

分层区域粗加工提供了3种走刀方式，分别为行切走刀、环切走刀和螺旋走刀。这3种走刀方式的参数和区域粗雕刻的完全一致。

（7）投影加深粗雕刻。

投影加深粗雕刻用于较平缓曲面的粗雕刻，主要参数包括走刀方式和路径角度，如图 7-3-12 所示。

（8）曲面残料补加工。

曲面残料补加工是一种半精加工方式。当使用分层区域粗雕刻加工时，可能在内角位置或者相邻两层之间留下很大的残留量。如果直接使用精雕刻，那么对刀具的损害比较大，甚至折损刀具，这时可以使用曲面残料补加工方式。

（9）曲面精雕刻。

曲面精雕刻提供了多种走刀方式，用于不同的雕刻场合。各种走刀方式中数平行截线走刀方式的应用范围最广。图 7-3-13 为选择曲面精雕刻时显示的参数页面。最后一行的提示会随着走刀方式的改变而有所不同，在选择平行截线走刀时，最后一行的"无边界时"参数可以选择不用边界或提取边界；当选择曲面流线走刀时，最后一行提示流线的方向，用户可以选择沿着 U 向或是 V 向；选择等高外形走刀和角度分区走刀时的模式同平行截线走刀是一致的。这些边界对加工路径的影响请参见第 4 章中的相关说明。

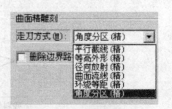

图 7-3-12　投影加深粗雕刻参数　　　　　　　　　　图 7-3-13　曲面精雕刻参数

（10）成组平面雕刻。

成组平面的走刀方式和区域粗雕刻的走刀方式完全一致，如图 7-3-14 所示。

（11）残料清根。

残料清根包括 5 种不同的清根方式。点击清根方式，用户可以选择合适的清根方式，如图 7-3-15 所示。

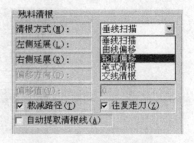

图 7-3-14　成组平面雕刻参数　　　　　　　　　　图 7-3-15　残料清根参数

（12）残料高度清根。

残料高度清根的参数比较少，如图 7-3-16 所示。

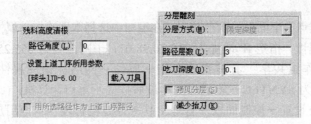

图 7-3-16　残料高度清根参数

（13）包裹雕刻。

包裹雕刻是投影雕刻的拓展。除了投影方式外，包裹雕刻还包括包裹中心和包裹方向，如图 7-3-17 所示。

图 7-3-17　包裹雕刻参数

五、实训练习

1．练习常见加工图形处理。

2．练习生成加工程序导入机台加工。

项目四　机床联机技术（选修）

一、实训目的

1．了解雕铣机床联机原理。

2．学习机床联机实际操作。

3．了解联机参数。

二、实训设备

1．雕铣机台。

2．联机电脑一台。

3．路由器一个。

三、相关知识

网路安装说明。

1．WIN98

（1）用鼠标右键点击桌面上的网上邻居，选择属性→网络中→配置→Internet 协议版本（TCP/IPv4），点击属性，指定 IP 地址为 210.20.98.01，子网掩码为 255.255.255.0。

（2）计算机工作组共享：用鼠标右键点击桌面上的网上邻居，选择属性→网络中→标识，修改计算机名为 YOUNG，工作组为 SYNTEC。

（3）网络资源共享：打开我的电脑，右键单击你要进行共享的盘，如（E 盘），选共享（H）…→共享，共享名为 public，访问类型为完全，全部设计好后计算机提示重新启动。

2. WIN2000

（1）用鼠标右键点击桌面上的网上邻居，在窗口中选择本地连接→属性→Internet 协议版本（TCP/IPv4），点击属性，指定 IP 地址为 210.20.98.01，子网掩码为 255.255.255.0，然后确定。

（2）计算机工作组共享：右击我的电脑→属性→网络标识→属性，更改计算机名为 YOUNG→改工作组为 SYNTEC→然后确定，最后按提示重启计算机。

（3）点击开始→设置→控制面板→管理工具→计算机管理→本地用户和组→用户→右方框，右击 Guest→属性→把帐户已停用（b）前面的钩去掉，确定后按提示重启即可。

（4）网络资源共享：打开我的电脑，右键单击你要进行共享的盘，如（E 盘）选择属性→共享→新建共享，指定共享名为 PUBLIC，最后确定即可。

3. WINXP

（1）用鼠标右键点击桌面上的网上邻居，在窗口中选择本地连接→属性→Internet 协议版本（TCP/IPv4），点击属性，指定 IP 地址为 210.20.98.01，子网掩码为 255.255.255.0，然后确定。

（2）右击我的电脑，选择属性→计算机名→更改，将计算机名改为 YOUNG，工作组名改为 SYNTEC→然后确定，按提示重启计算机。

（3）网络资源共享：打开我的电脑，右键单击你要进行共享的盘如（E 盘），选择属性→共享和安全→共享→共享驱动器根，点击网络共享和安全→在网络上共享这个文件，将共享名取为 PUBLIC，最后确定即可。

（4）用鼠标左键点击开始菜单栏，选择控制面板→用户帐户，点击 Guest 来宾帐户启用来宾帐户就行了。

四、实训内容与步骤

1．一台电脑连一台机器的方法与步骤编程电脑联网按上面的设置方法，机器电脑联网设置如下。

等机器进入操作版面，按 ESC 退到主页面，按 F6（参数设定）→F10→F3（网络设定），设置如下（用 Page DOWN 翻页）。

控制器名称：CNC21（与联网计算机名不同）。

位址设定：210.20.98.21（与联网计算机的 IP 地址前 3 位相同，最后一位不同）。

子网路遮罩：255.255.255.0（与联网计算机的子网掩码相同）。

连线 PC 名称：YOUNG（与联网计算机名相同）。

连线目录名称：PUBLIC（与联网计算机的共享名相同）。

工作群组：SYNTEC（与联网计算机工作组名相同）。

连线使用者：CNC21（与控制器名称相同）。

2．两台电脑连一台机器的方法

（1）电脑连法。

① IP：210.20.98.2，子网掩码：255.255.255.0，然后确定。

② 计算机：YOUNG1，工作组名：SYNTEC。

③ 共享名：PUBLIC。

其他设置同上一台即可。

（2）机器连法。

进入操作系统后，按下 Alt+X 键，出现 c:\cnc\exe，输入 CD\，然后回车，编辑 C:\CNCNET.BAT 文件（输入:edit CNCNET.BAT），将最后一行改为 C:\NET\net use n: \\young\public。最后按 Alt 键，

用上下箭头键选择 EXIT，再按 YES（回车）退出。

五、实训练习

1．学生练习联机。

2．练习参数设定。

项目五　雕铣机常见故障处理（选修）

一、实训目的

1．了解雕铣机床加工原理。

2．学习机床报警内容。

3．练习基础报警解除。

二、实训设备

1．雕铣机二台。

2．联机电脑一台。

三、相关知识

飞雕机台的设备介绍如表 7-3-6 所示。

表 7-3-6　　　　　　　　　　飞雕机台设备介绍

代号	名称	型号及规格	件数	备注
	接线盒	FJ6/JHD-1/b		
KM1	交流接触器	LC1-D3210 CC5N×1（AC36V）	1	CJX2-32
	开关电源	S-50-24	1	台湾明纬
	交流电压器	NDK（BK）-100	1	（要有 AC36V 和 AC24V 线圈不同组）
KA	继电器配用插座	CZY14A	3	
KA	小型电磁继电器	JZX-22FD/4Z	3	
	信号灯	ND1-25/40（绿）	1	
	急停按钮	NP2-BS542(红)	1	
KB2	开关按钮	NP4-11BN（white）	1	
KB1	开关按钮	NP4-11BN（black）	1	
KD	船形开关	KCD3-102	1	
K3--K6	小型断路器	DZ47-60（一极 5A）	3	
K1，K2	小型断路器	DZ47-60（两极 32A）	1	
	小型断路器	DZ47-60（三极 40A）	2	
	行程开关	YBLXW-6/11ZL（7311）	3	Y 轴用
	行程开关	YBLX-JW2/11Z/3	2	X，Z 轴用
	光电开关	LJ8A3-2-Z/EX	2	4 轴，门锁用
	工作灯	JC38	1	AC36V35W
	警报灯	JSL-32TX	1	DC24V
	接线排	TB-20A	1	
		TBC-10A	1	

续表

代号	名称	型号及规格	件数	备注
	油泵	AOB-25 90W	1	AC220V
	油冷机	MCO-15C-01G	1	没配，用水泵的型号与油泵相同
	伺服电机	SGMJV-____1(YASKAWA)	2	X，Y 轴用
	伺服电机	SGMJV-____C(YASKAWA)	1	Z 轴用
	伺服驱动	SGDV- (YASKAWA)	3	
	变频器		1	
	系统		1	
	光电开关	LJ8A3-2-Z/EX	2	4 轴，门锁用（选配物品）

四、实训内容与步骤

学生依据表 7-3-7 进行操作。

表 7-3-7　　　　　　　　　　操作

序号	问题	发生原因	解决办法
1	主轴噪音	① 撞机 ② 切削负荷太大 ③ 冷却循环异常 ④ 气源质量与压力低于要求 ⑤ 轴承损坏 ⑥ 刀柄不合格 ⑦ 刀具磨损	① 更换轴承或清洗 ② 减小切削深度 ③ 对冷却机进行修理（检修） ④ 提高气压，使用过滤的空气，并检查气源是否干燥 ⑤ 更换轴承 ⑥ 校正刀柄 ⑦ 校正刀具
2	主轴卡死	轴承损坏	更换轴承
3	主轴温升高	① 轴承已损坏或将坏 ② 冷却循环异常 ③ 过负荷切削	① 更换或清洗保养轴承 ② 检查冷却系统，确定回油及冷却效果 ③ 降低切削负荷
4	主轴启动停止	① 主轴轴承间隙 ② 主轴启动困难	① 加长加减速时间，电压值不宜低于80% ② 更换轴承
5	主轴启动异常	① 启动时间太短，无法启动 ② 接线不良	① 延长启动时间 ② 检查接线
6	主轴不转	① 变频器异常 ②NC 未输入模拟电压 ③ 主轴异常	① 检查变频器设定参数及接线 ② 检查 NC 参数及接线 ③ 更换主轴
7	变频器报警	① 参数异常 ② 变频器故障 ③ 主轴故障	① 检查变频器参数 ② 更换变频器 ③ 检查接线 ④ 检查数控系统及输出是否正常 ⑤ 检查或更换主轴

续表

序号	问题	发生原因	解决办法
8	伺服轴噪声及振动	① 丝杆故障 ② 传动部分故障 ③ 伺服电机故障 ④ 轴承故障 ⑤ 异物卡死 ⑥ 润滑不足	① 清洗丝杆 ② 更换齿形带或带轮、联轴器 ③ 降低伺服电机 Gain 值 ④ 更换轴承 ⑤ 清理异物 ⑥ 检查油路是否通畅
9	停机时 Z 轴下滑	① 刹车异常，Z 轴抱闸异常 ② 线路异常	① 检查电机设定或更换电机 ② 检查线路是短路或断路
10	伺服轴精度不够	① 传动部分松动 ② 伺服单元异常 ③ NC 参数异常 ④ 工件松脱	① 检查所有机械传动链（包括联轴器、丝杠等） ② 换伺服单元 ③ 检查参数 ④ 工件固定
11	加工精度不准	① 撞机后几何精度异常 ② 测量精度误差 ③ 断刀 ④ 工件固定异常	① 重新复查几何精度 ② 更新或校正，重复测量 20 次，保证误差在 0.01 内 ③ 检查刀刃 ④ 检查工件（刀尖应对准测高规中心）
12	无法回原点	① 系统参数异常 ② 伺服驱动器异常 ③ 反馈异常 ④ 开关异常	① 输入正常参数 ② 排除异常 ③ 断线处理 ④ 换开关
13	原点不准	① 原点位于临界点 ② 编码器异常 ③ CN1 连接线异常 ④ 极限开关品质异常 ON-OFF 误差太大	① 调整碰块或开关 ② 编码器零位没有讯（信）号（更换电机） ③ CN1 连接线没有零位讯（信）号（更换连接线） ④ 更换开关
16	极限无效/极限故障	① DC24V 故障 ② 开关故障	① 检查 DC24 电源 ② 换开关
14	联网故障	① 网线不通 ② 计算机参数设定异常 ③ CNC 系统参数设定异常 ④ 计算机/CNC 系统网线口异常 ⑤ 干扰	① 更换新线/更换接头 ② 重新检查计算机设定参数 ③ 检查 CNC 系统参数 ④ 计算机/CNC 系统送修 ⑤ 接地排除干扰
15	切削水不动作	① I/O 损坏 ② K5 跳闸 ③ 电机烧毁 ④ 管路阻塞	① M08 不输出即 CNC 系统输出点 o1 点无输出 ② 电机或连接线短路 ③ 换电机 ④ 清理
16	润滑故障	① 管路破裂 ② 管路阻塞 ③ 电机烧毁 ④ I/O 损坏	① 接好管路 ② 清理 ③ 换电机 ④ CNC 系统输出点 o0 点无输出

续表

序号	问题	发生原因	解决办法
17	面板按键损坏	① 接触不良 ② 接头脱落 ③ 系统异常	① 更换面板 ② 锁紧接头 ③ 请系统维修人员维修系统
18	机床漏油	① 护套防漏不良 ② 排油管防漏不良 ③ 钣金防漏不良	找出漏油点防漏

五、实训练习

1. 学生熟悉机台软硬件及其功能。

2. 练习简单故障排除。